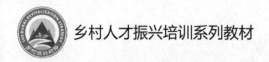

乡村人才振兴培训系列教材

巩固脱贫攻坚成果
同乡村振兴有效衔接

■ 张洪伟 刘艳莉 张庆丰 主编

U0272066

中国农业科学技术出版社

图书在版编目（CIP）数据

巩固脱贫攻坚成果同乡村振兴有效衔接 / 张洪伟，刘艳莉，张庆丰主编. —北京：中国农业科学技术出版社，2021.8（2022.4重印）

ISBN 978-7-5116-5418-2

Ⅰ.①巩… Ⅱ.①张… ②刘… ③张… Ⅲ.①扶贫–研究–中国②农村–社会主义建设–研究–中国 Ⅳ.①F126②F320.3

中国版本图书馆 CIP 数据核字（2021）第 144858 号

责任编辑	申 艳 姚 欢
责任校对	李向荣
责任印制	姜义伟 王思文

出 版 者	中国农业科学技术出版社
	北京市中关村南大街 12 号 邮编：100081
电 话	（010）82106636（编辑室） （010）82109702（发行部）
	（010）82109709（读者服务部）
传 真	（010）82106631
网 址	http://www.castp.cn
经 销 者	各地新华书店
印 刷 者	北京地大彩印有限公司
开 本	850 mm×1 168 mm 1/32
印 张	5.375
字 数	126 千字
版 次	2021 年 8 月第 1 版 2022 年 4 月第 3 次印刷
定 价	26.00 元

《巩固脱贫攻坚成果同乡村振兴有效衔接》

编 委 会

前　言

当前，我国正处在巩固脱贫攻坚成果同乡村振兴有效衔接的重大机遇期。脱贫成果来之不易，凝聚了党中央和全国人民的心血。守住和提升脱贫成果事关群众的幸福生活，事关乡村振兴的进展。如何巩固拓展脱贫攻坚成果，如何推动其与乡村振兴有效衔接，就成为实现乡村全面振兴需要解决的两大重点问题。

本书以《中共中央　国务院关于实现巩固拓展脱贫攻坚成果同乡村振兴有效衔接的意见》为主要依据，以通俗易懂的语言，分乡村振兴战略与脱贫攻坚战概述、建立健全巩固拓展脱贫攻坚成果长效机制、做好脱贫地区有效衔接的重点工作、健全农村低收入人口常态化帮扶机制、提升脱贫地区整体发展水平、脱贫攻坚与乡村振兴政策的有效衔接、脱贫攻坚与乡村振兴工作机制的有效衔接等7章进行了详细介绍。书中设置了"知识链接""案例链接"栏目，不仅利于加深对知识点的理解，也突出了本书的趣味性和可读性。

由于时间仓促，水平有限，书中难免存在一些不足之处，欢迎广大读者批评指正。

编　者

2021 年 2 月

目　　录

第一章　乡村振兴战略与脱贫攻坚战概述

第一节　乡村振兴战略

一、实施乡村振兴战略的意义

2017 年 10 月 18 日，党的十九大胜利召开，做出了中国特色社会主义进入新时代的科学论断。同时，明确提出实施乡村振兴战略这一重大历史任务。实施乡村振兴战略，具有极其重大的现实意义和深远的历史意义。

（一）实施乡村振兴战略是解决发展不平衡不充分矛盾的迫切要求

中国特色社会主义进入新时代是党的十九大报告做出的一个重大判断，它明确了我国发展新的历史方位。新时代伴随社会主要矛盾的转化，对经济社会发展提出更高要求。在新时代我国社会主要矛盾已经转化为人民日益增长的美好生活需要和不平衡不充分发展之间的矛盾。改革开放以来，随着工业化的快速发展和城市化的深入推进，我国城乡出现分化，农村发展也出现分化，目前最大的不平衡是城乡之间发展的不平衡和农村内部发展的不平衡，最大的不充分是"三农"发展的不充分，包括农业现代化发展的不充分，社会主义新农村建设的不充分，农民群体提高教科文卫发展水平和共享现代社会发展成果的不充分等。从决胜全面建成小康社会，到基本实现社会主义现代化，再到建成社会主义现代化强国，解决这一新的社会主要矛盾需要实施乡村振兴战略。

（二）实施乡村振兴战略是实现农业现代化的重要内容

经过多年持续不断的努力，我国农业农村发展取得重大成就，现代农业建设取得重大进展，粮食和主要农产品供求关系发生重大变化，大规模的农业剩余劳动力转移进城，农民收入持续增长，脱贫攻坚取得决定性进展，农村改革实现重大突破，农村各项建设全面推进，为实施乡村振兴战略提供了有利条件。与此同时，在实践中，由于历史原因，目前农业现代化发展、社会主义新农村建设和农民教育科技文化发展存在很多突出问题，迫切需要解决。面向未来，随着我国经济不断发展，城乡居民收入不断增长，广大市民和农民都对新时期农村的建设发展存在很多期待。把乡村振兴作为党和国家战略，统一思想，提高认识，明确目标，完善体制，搞好建设，加强领导和服务，不仅呼应了新时期全国城乡居民发展新期待，而且也将引领农业现代化发展和社会主义新农村建设以及农民教育科技文化进步。

（三）实施乡村振兴战略是全面建设社会主义现代化强国的重要保障

党的十九大在科学审视国内外形势尤其是国内经济社会发展状况的基础上，提出在 21 世纪中叶建成社会主义现代化强国的战略部署。社会主义现代化强国建设是整体性建设，是在全面协调推进经济建设、政治建设、文化建设、社会建设、生态文明建设和党的建设中，不断促进物质文明、政治文明、精神文明、社会文明和生态文明协同发展的社会整体文明进步过程，也是促进城市与乡村融合发展的过程。实现农业和农村现代化、农民增收致富，是建设社会主义现代化强国的重要内容，在社会主义现代化强国建设中具有至关重要的作用。我国广大农村地区人口众多、发展基础薄弱、振兴难度较大。可以说，社会主义现代化能否整体实现，农业农村现代化、农民增收致富是其首要目标，也是全面建成小康社会的首要目标。实施乡村振兴战略是新时代做好"三农"工作的总抓手，事关整个社会主义现代化建设大局。实施乡村振兴战略，推动广大乡村地区快速发展，实现产业兴旺、生态宜居、乡风文明、治理有效、生活富裕，不仅能够为农业农村现代化的顺利实现提供坚实的物质基础，而且能够为全面建设社会主义现代化国家提供保障。

二、乡村振兴战略的目标任务

实施乡村振兴战略有明确的目标任务和时间表。按照目前中央的部署安排，按照党的十九大提出的决胜全面建成小康社会，分两个阶段实现第二个百年奋斗目标的战略任务，实施乡村振兴战略进一步做了近期目标和远期谋划。

（一）近期目标

从 2018 年到 2022 年，既要在农村实现全面小康，又要为基本实现农业农村现代化开好局、起好步、打好基础。到 2020 年，乡村振兴取得了重要进展，制度框架和政策体系基本形成。农业综合生产能力稳步提升，农业供给体系质量明显提高，农村一二三产业融合发展水平进一步提升；农民增收渠道进一步拓宽，城乡居民生活水平差距持续缩小；现行标准下农村贫困人口实现脱贫，贫困县全部摘帽，区域性整体贫困问题得到解决；农村基础设施建设深入推进，农村人居环境明显改善，美丽宜居乡村建设扎实推进；城乡基本公共服务均等化水平进一步提高，城乡融合发展体制机制初步建立；农村对人才吸引力逐步增强；农村生态环境明显好转，农业生态服务能力进一步提高；以党组织为核心的农村基层组织建设进一步加强，乡村治理体系进一步完善；党的农村工作领导体制机制进一步健全；各地区、各部门推进乡村振兴的思路举措得以确立。到2022年，乡村振兴的制度框架和政策体系初步健全。国家粮食安全保障水平进一步提高，现代农业体系初步构建，农业绿色发展全面推进；农村一二三产业融合发展格局初步形成，乡村产业加快发展，农民收入水平进一步提高，脱贫攻坚成果得到进一步巩固；农村基础设施条件持续改善，城乡统一的社会保障制度体系基本建立；农村人居环境显著改善，生态宜居的美丽乡村建设扎实推进；城乡融合发展体制机制初步建立，农村基本公共服务水平进一步提升；乡村优秀传统文化得以传承和发展，农民精神文化生活需求基本得到满足；以党组织为核心的农村基层组织建设明显加强，乡村治理能力进一步提升，现代乡村治理体系初步构建。探索形成一批各具特色的乡村振兴模式和经验，乡村振兴取得阶段性成果。

（二）远期谋划

远期又分为两个阶段。到2035年，乡村振兴取得决定性进展，农业农村现代化基本实现。农业结构得到根本性改善，农民就业质量显著提高，相对贫困进一步缓解，共同富裕迈出坚实步伐；城乡基本公共服务均等化基本实现，城乡融合发展体制机制更加完善；乡风文明达到新高度，乡村治理体系更加完善；农村生态环境根本好转，生态宜居的美丽乡村基本实现。到2050年，乡村全面振兴，农业强、农村美、农民富全面实现。

三、乡村振兴战略的总要求

实施乡村振兴战略不是权宜之计，而是我国进入新时代，经济社会发展的必然要求，是着眼党和国家事业全局的重大战略部署，有着具体实在的要求和部署。"产业兴旺、生态宜居、乡风文明、治理有效、生活富裕"是实施乡村振兴战略的总要求。

（一）产业兴旺

产业兴旺是乡村振兴的核心。新时代推动农业农村发展核心是实现农村产业发展。农村产业发展是农村实现可持续发展的内在要求。从中国农村产业发展历程来看，过去一段时期内主要强调生产发展，而且主要是强调农业生产发展，其主要目标是解决农民的温饱问题，进而推动农民生活向小康迈进。从生产发展到产业兴旺，这一提法的转变，意味着新时代党的农业农村政策体系更加聚焦和务实，主要目标是实现农业农村现代化。产业兴旺要求从过去单纯追求产量向追求质量转变、从粗放型经营向精细型经营转变、从不可持续发展向可持续发展转变、从低端供给向高端供给转变。城乡融合发展的关键步骤是农村产业融合发展。产业兴旺不仅要实现农业发展，还要丰富农村发展业态，促进农村一二三产业融合发展，更加突出以推进供给侧结构性改革为主线，提升供给质量和效益，推动农业农村发展提质增效，更好地实现农业增产、农村增值、农民增收，打破农村与城市之间的壁垒。农民生活富裕前提是产业兴旺，而农民富裕、产业兴旺又是乡风文明和有效治理的基础，只有产业兴旺、农民富裕、乡风文明、治理有效有机统一起来才能真正提高生态宜居水平。党的十九大将产业兴旺作为实施乡村振兴战略的第一要求，充分说明了农村产业发展的重要性。当前，我国农村产业发展还面临区域特色和整体优势不足、产业布局缺少整体规划、产业结构较为单一、产业市场竞争力不强、效益增长空间较为狭小与发展的稳定性较差等问题，实施乡村振兴战略必须要紧紧抓住产业兴旺这个核心，作为优先方向和实践突破点，真正打通农村产业发展的"最后一公里"，为农业农村实现现代化奠定坚实的物质基础。

（二）生态宜居

生态宜居是乡村振兴的基础。习近平同志在十九大报告中指出，加快生态文明体制改革，建设美丽中国。美丽中国起点和基础是美丽乡村。乡村振兴战略提出要建设生态宜居的美丽乡村，更加突出了新时代重视生态文明建设与人民日益增长的美好生活需要的内在联系。乡村生态宜居不再是简单强调单一化生产场域内的"村容整洁"，而是对"生产、生活、生态"为一体的内生性低碳经济发展方式的乡村探索。生态宜居的内核是倡导绿色发展，是以低碳、可持续为核心，是对"生产场域、生活家园、生态环境"为一体的复合型"村镇化"道路的实践打造和路径示范。绿水青山就是金山银山。乡村产业兴旺本身就蕴含着生态底色，通过建设生态宜居家园实现物质财富创造与生态文明建设互融互通，走出一条中国特色的乡村绿色可持续发展道路，在此基础上真正实现更高品质的生活富裕。同时，生态文明也是乡风文明的重要组成部分，乡风文明内涵则是对生态文明建设的基本要求。此外，实现乡村生态的良好治理是实现乡村有效治理的重要内容，治理有效必然包含着有效的乡村生态治理体制机制。从这个意义而言，打造生态宜居的美丽乡村必须要把乡村生态文明建设作为基础性工程扎实推进，让美丽乡村"看得见未来，留得住乡愁"。

（三）乡风文明

乡风文明是乡村振兴的关键。文明中国根在文明乡风，文明中国要靠乡风文明。乡村振兴想要实现新发展，彰显新气象，传承和培育文明乡风是关键。乡土社会是中华民族优秀传统文化的主要阵地，传承和弘扬中华民族优秀传统文化必须要注重培育和传承文明乡风。乡风文明是乡村文化建设和乡村精神文明建设的基本目标，培育文明乡风是乡村文化建设和乡村精神文明建设的主要内容。乡风文明的基础是重视家庭建设、家庭教育和家风家训培育。家庭和睦则社会安定，家庭幸福则社会祥和，家庭文明则社会文明；良好的家庭教育能够授知识、育品德，提高精神境界、培育文明风尚；优良的家风家训能够弘扬真善美、抑制假恶丑，营造崇德向善、见贤思齐的社会氛围。积极倡导和践行文明乡风能够有效净化和涵养社会风气，培育乡村德治土壤，推动乡村有效治理；能够推动乡村生态文明建设，建设生态宜居家园；能够凝人心、聚人气，营造干事创业的社会氛围，助力乡村产业发展；能够丰富农民群众文化生活，汇聚精神财富，实现精神生活上的富裕。实现乡风文明要大力实施农村优秀传统文化保护工程，深入研究阐释农村优秀传统文化的历史渊源、发展脉络、基本走向；要健全和完善家教家风家训建设工作机制，挖掘民间蕴藏的丰富家风家训资源，让好家风好家训内化为农民群众的行动遵循；要建立传承弘扬优良家风家训的长效机制，积极推动家风家训进校园、进课堂活动，编写优良家风家训通识读本，积极创作反映优良家风家训的优秀文艺作品，真正把文明乡风建设落到实处，落到细处。

（四）治理有效

治理有效是乡村振兴的保障。实现乡村有效治理是推动农村稳定发展的基本保障。乡村治理有效才能真正为产业兴旺、生态宜居、乡风文明和生活富裕提供秩序支持，乡村振兴才能有序推进。新时代乡村治理的明显特征是强调国家与社会之间的有效整合，盘活乡村治理的存量资源，用好乡村治理的增量资源，以有效性作为乡村治理的基本价值导向，平衡村民自治实施以来乡村社会面临的冲突和分化。也就是说，围绕实现有效治理这个最大目标，乡村治理技术手段可以更加多元、开放和包容。只要有益于推动实现乡村有效治理的资源都可以充分地整合利用，而不再简单强调乡村治理技术手段问题，忽视对治理绩效的追求和乡村社会的秩序均衡。党的十九大报告提出，要健全自治、法治、德治相结合的乡村治理体系。这不仅是实现乡村治理有效的内在要求，也是实施乡村振兴战略的重要组成部分。这充分体现了乡村治理过程中国家与社会之间的有效整合，既要盘活村民自治实施以来乡村积淀的现代治理资源，又毫不动摇地坚持依法治村的底线思维，还要用好乡村社会历久不衰、传承至今的治理密钥，推动形成相辅相成、互为补充、多元并蓄的乡村治理格局。从民主管理到治理有效，这一定位的转变既是国家治理体系和治理能力现代化的客观要求，也是实施乡村振兴战略、推动农业农村现代化进程的内在要求。而乡村治理有效的关键是健全和完善自治、法治、德治的耦合机制，让乡村自治、法治与德治深度融合、高效契合。例如，积极探索和创新乡村社会制度内嵌机制，将村民自治制度、国家法律法规内嵌入村规民约、乡风民俗中去，通过乡村自治、法治和德治的有效耦合，推动乡村社会实现有效治理。

（五）生活富裕

生活富裕是乡村振兴的根本。生活富裕的本质要求是共同富裕。改革开放40年来，农村经济社会发生了历史性巨变，农民的温饱问题得到彻底解决，农村正在向着全面建成小康社会迈进。但是，广大农村地区发展不平衡不充分的问题也日益凸显，积极回应农民对美好生活的诉求必须要直面和解决这一问题。生活富裕不富裕，农民有着切身感受。长期以来，农村地区发展不平衡不充分的问题无形之中让农民感受到了一种"被剥夺感"，农民的获得感和幸福感也随之呈现出"边际现象"，也就是说，简单地靠存量增长已经不能有效提升农民的获得感和幸福感。生活富裕相较于生活宽裕而言，虽只有一字之差，但其内涵和要求却发生了非常大的变化。生活宽裕的目标主要是指向解决农民的温饱问题，进而使农民的生活水平基本达到小康，而实现农民生活宽裕主要依靠的是农村存量发展。生活富裕的目标则是指向农民的现代化问题，是要切实提高农民的获得感和幸福感，消除农民的"被剥夺感"，而这也使得生活富裕具有共同富裕的内在特征。如何实现农民生活富裕？显然，靠农村存量发展已不具有可能性。有效激活农村增量发展空间是解决农民生活富裕的关键，而乡村振兴战略提出的产业兴旺则为农村增量发展提供了方向。

第二节 脱贫攻坚战

一、脱贫攻坚战的提出

长期以来，习近平同志一直高度重视扶贫工作。党的十八大更是把扶贫开发工作提升到了一个新的战略高度，把扶贫开发工作纳入"五位一体"总体布局和"四个全面"战略布局，作为实现我国第一个百年奋斗目标的重点工作和底线任务。2013年11月，习近平总书记首次提出"精准扶贫"思想。经过不断的实践和完善，精准扶贫思想成为我国扶贫工作系统性科学性的指

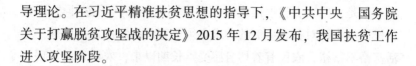

导理论。在习近平精准扶贫思想的指导下，《中共中央 国务院关于打赢脱贫攻坚战的决定》2015 年 12 月发布，我国扶贫工作进入攻坚阶段。

二、脱贫攻坚的巨大成果

党的十八大以来，党中央把脱贫攻坚摆在治国理政的突出位置，把脱贫攻坚作为全面建成小康社会的底线任务，组织开展了声势浩大的脱贫攻坚人民战争。经过 8 年的不懈努力，脱贫攻坚战取得了全面胜利，如期完成了新时代脱贫攻坚的目标和任务：现行标准下 9 899 万农村贫困人口全部脱贫，832 个贫困县全部摘帽，12.8 万个贫困村全部出列。

（一）农村贫困人口全部脱贫

党的十八大以来，平均每年 1 000 多万人脱贫，相当于一个中等国家的人口脱贫。贫困人口收入水平显著提高，全部实现"两不愁三保障"，即脱贫群众不愁吃、不愁穿，义务教育、基本医疗、住房安全有保障，饮水安全也都有了保障。2 000 多万贫困患者得到分类救治，曾经被病魔困扰的家庭挺起了生活的脊梁。近 2 000 万贫困群众享受低保和特困救助供养，2 400 多万困难和重度残疾群众拿到了生活和护理补贴。110 多万贫困群众当上护林员，守护绿水青山，换来了金山银山。无论是雪域高原、戈壁沙漠，还是悬崖绝壁、大石山区，脱贫攻坚的阳光照耀到了每一个角落，无数人的命运因此而改变，无数人的梦想因此而实现，无数人的幸福因此而成就。

（二）脱贫地区经济社会发展迅速

贫困地区发展步伐显著加快，经济实力不断增强，基础设施建设突飞猛进，社会事业长足进步，行路难、吃水难、用电难、通信难、上学难、就医难等问题得到历史性解决。义务教育阶段建档立卡贫困家庭辍学学生实现动态清零。具备条件的乡镇和建制村全部通硬化路、通客车、通邮路。新改建农村公路110万千米，新增铁路3.5万千米。贫困地区农网供电可靠率达到99%，大电网覆盖范围内贫困村通动力电比例达到100%，贫困村通光纤和4G比例均超过98%。790万户、2568万贫困群众的危房得到改造，累计建成集中安置区3.5万个、安置住房266万套，960多万人"挪穷窝"，摆脱了闭塞和落后，搬入了新家园。千百万贫困家庭的孩子享受到更公平的教育机会，孩子们告别了天天跋山涉水上学，实现了住学校、吃食堂。

（三）脱贫群众精神风貌焕然一新

脱贫攻坚，取得了物质上的累累硕果，也取得了精神上的累累硕果。广大脱贫群众激发了奋发向上的精气神，社会主义核心价值观得到广泛传播，文明新风得到广泛弘扬，艰苦奋斗、苦干实干、用自己的双手创造幸福生活的精神在广大贫困地区蔚然成风。贫困群众的精神世界在脱贫攻坚中得到充实和升华，信心更坚、脑子更活、心气更足，发生了从内而外的深刻改变。

（四）党群干群关系明显改善

各级党组织和广大共产党员坚决响应党中央号召，以热血赴使命、以行动践诺言，在脱贫攻坚这个没有硝烟的战场上呕心沥血、建功立业。广大扶贫干部舍小家为大家，同贫困群众结对子、认亲戚，常年加班加点、任劳任怨，困难面前豁得出，关键时候顶得上，把心血和汗水洒遍千山万水、千家万户。他们爬过最高的山，走过最险的路，去过最偏远的村寨，住过最穷的人家，哪里有需要，他们就战斗在哪里。基层党组织充分发挥战斗堡垒作用，在抓党建促脱贫中得到锻造，凝聚力、战斗力不断增强，基层治理能力明显提升。

（五）创造了减贫治理的中国样本

贫困一直是困扰全球发展和治理的突出难题。改革开放以来，按照现行贫困标准计算，我国7.7亿农村贫困人口摆脱了贫困；按照世界银行国际贫困标准，我国减贫人口占同期全球减贫人口的70%以上。特别是在全球贫困状况依然严峻、一些国家贫富分化加剧的背景下，我国提前10年实现《联合国2030年可持续发展议程》减贫目标，赢得国际社会广泛赞誉。我们积极开展国际减贫合作，履行减贫国际责任，为发展中国家提供力所能及的帮助，做世界减贫事业的有力推动者。

三、脱贫攻坚的主要经验

党的十八大以来，我们在脱贫攻坚的伟大实践中，不仅取得了显著成绩，还积累了丰厚经验。这些经验不仅是脱贫攻坚的经验，也是发展我国乡村的经验，对实现乡村振兴具有很强的借鉴意义。

（一）坚持和加强党对扶贫工作的领导

坚持和加强党的领导，是打赢脱贫攻坚战的坚强政治保障和根本保障。脱贫攻坚的根本经验是始终坚持充分发挥党的领导的政治优势和中国特色社会主义制度的优势，全党全社会总动员，发挥政府主导作用，集中力量组织开展目标明确的大规模扶贫行动。

党的十八大以来，习近平同志明确指出"消除贫困、改善民生、实现共同富裕，是社会主义的本质要求，是我们党的重要使命。"在党中央的坚强领导下，一是形成了明确的分工责任体系。中央统筹、省（区、市）负总责、市（地）县抓落实的工作机制明确了分工，强化了领导责任。党中央、国务院主要负责统筹制定扶贫开发大政方针，出台重大政策举措，规划重大工程项目。省（区、市）党委和政府对扶贫开发工作负总责，抓好目标确定、项目下达、资金投放、组织动员、监督考核等工作。市（地）党委和政府做好上下衔接、域内协调、督促检查工作，把精力集中在贫困县如期"摘帽"上。县级党委和政府承担主体责任，书记和县长是第一责任人，做好进度安排、项目落地、资金使用、人力调配、实施推进等工作。要层层签订脱贫攻坚责任书，扶贫开发任务重的省（区、市）党政主要领导向中央签署脱贫责任书，每年向中央作扶贫脱贫进展情况的报告。省（区、市）党委和政府向市（地）、县（市）、乡镇提出要求，层层落实责任。二是基层党组织发挥了战斗堡垒作用。加强贫困乡镇领导班子建设，有针对性地选配政治素质高、工作能力强、熟悉"三农"工作的干部担任贫困乡镇党政主要领导。抓好以村党组织为领导核心的村级组织配套建设，集中整顿软弱涣散的村党组织，提高贫困村党组织的创造力、凝聚力、战斗力，发挥好工会、共青团、妇联等群团组织的作用。选好配强村级领导班子，突出抓好村党组织带头人队伍建设，充分发挥党员先锋模范作用。完善村级组织运转经费保障机制，将村干部报酬、村办公经费和其他必要支出作为保障重点。根据贫困村的实际需求，精准选配第一书记，精准选派驻村工作队，加大县以上机关派出干部比例。加大驻村干部考核力度，不稳定脱贫不撤队伍。三是严格考核确保扶贫工作质量。建立和完善中央对省（区、市）党委和政府扶贫开发工作成效考核办法。建立年度扶贫开发工作逐级督查制度，选择重点部门、重点地区进行联合督查，对落实不力的部门和地区，国务院扶贫开发领导小组要向党中央、国务院报告并提出责任追究建议，对未完成年度减贫任务的省份，要对党政主要领导进行约谈。各省（区、市）党委和政府要加快出台对贫困县扶贫绩效考核办法，大幅度提高减贫指标在贫困县经济社会发展实绩考核指标中的权重，建立扶贫工作责任清单。加快落实对限制开发区域和生态脆弱的贫困县取消地区生产总值考核的要求。建立重大涉贫事件的处置、反馈机制，在处置典型事件中发现问题，不断提高扶贫工作水平。加强农村贫困统计监测体系建设，提高监测能力和数据质量，实现数据共享。

（二）坚持以精准扶贫理论为指导

精准扶贫精准脱贫理论是习近平总书记在继承和吸纳我国既有扶贫思想的基础上，长期关注、思考、实践我国扶贫脱贫工作的理论创新，是习近平新时代中国特色社会主义思想的重要组成部分，是我们进行脱贫攻坚工作的科学指导理论。

2013 年 11 月，习近平总书记在湘西土家族苗族自治州花垣县十八洞村考察时，首次提出"精准扶贫"思想，他明确指出："精准扶贫，就是要对扶贫对象实行精细化管理，对扶贫资源实行精确化配置，对扶贫对象实行精准化扶持，确保扶贫资源真正用在扶贫对象身上、真正用在贫困地区。"精准扶贫就是要做到"六个精准"、实施"五个一批"、解决好"四个问题"。"六个精准"为以下 6 点。第一，精准识别扶贫对象，解决"扶持谁"的问题。精确识别是精准扶贫的重要前提。准确识别贫困人口，搞清贫困程度，找准致贫原因，是精准扶贫的第一步。在此基础上准确掌握贫困人口规模、分布情况、居住条件、就业渠道、收入来源等，方可精准施策、精准管理。第二，精准安排扶贫项目，解决"怎么扶"的问题。在精准识别的基础上，解决"怎么扶"的工作重点就是要做到精准施策、分类施策，即因人因地施策、因贫困原因施策、因贫困类型施策。精准安排扶贫项目和建立产业扶贫的带动机制尤为重要。第三，精准使用扶贫资金，解决"钱怎么花"的问题。衡量农村贫困地区扶贫开发工作绩效的直接途径，就是看扶贫资金的运作与管理是否有效。要提高扶贫资金的有效性，必须对财政扶贫资金运行过程中的每个环节，包括资金的分配、使用对象的确定、使用方向的选择、监督机制的完善等，均做出科学的比较和分析，完善相关机制，切实提升扶贫资金使用管理的精准性、安全性及高效性，让有限的资金发挥最大的效益。第四，精准落实扶贫措施，解决"路怎么选"的问题。要针对扶贫对象的贫困情况和致贫原因，制定具体帮扶方案，分类确定帮扶措施，确保帮扶措施和效果落实到户、到人。实施"五个一批"工程：发展生产脱贫一批，易地搬迁脱贫一批，生态补偿脱贫一批，发展教育脱贫一批，社会保障兜底一批。第五，精准派驻扶贫干部，解决"谁负责"的问题。推进脱贫攻坚，要更好地发挥政府的作用，关键是责任落实到人，尤其要在选派贫困村第一书记上下功夫，确保"因村派人精准"。第六，精准衡量脱贫成效，解决"怎么退"的问题。精准扶贫目的在于精准脱贫。已脱贫的农户精准有序退出也是非常重要的环节，在这方面，要通过细致调查、群众评议，明确已真正稳定脱贫的户和人，既不能使尚未脱贫的人退出，也不能让已稳定脱贫的人继续"戴帽"。

【知识链接】

"五个一批"工程

1. 发展生产脱贫一批

产业是发展的根基，是脱贫的依托，更是长期稳定脱贫的保证。发展特色产业是提高贫困地区贫困人口自我发展能力的根本举措，是脱贫攻坚的重头戏，是加快贫困地区农业发展、促进农民增收的重要任务。习近平总书记强调，"一个地方的发展，关键在于找准路子、突出特色。欠发达地区抓发展，更要立足资源禀赋和产业基础，做好特色文章。""扶贫不是慈善救济，而是要引导和支持所有有劳动能力的人，依靠自己的双手开创美好明天。要立足当地资源，宜农则农、宜林则林、宜牧则牧、宜商则商、宜游则游，通过扶持发展特色产业，实现就地脱贫。"实施贫困地区特色产业提升工程，因地制宜地加快发展对贫困户增收带动作用明显的种植养殖业、林草业、农产品加工业、特色手工业、休闲农业和乡村旅游，积极培育和推广有市场、有品牌、有效益的特色产品；将贫困地区特色农业项目优先列入优势特色农业提质增效行动计划，加大扶持力度，建设一批特色种植养殖基地和良种繁育基地；支持有条件的贫困县创办一二三产业融合发展扶贫产业园；组织国家级龙头企业与贫困县合作创建绿色食品、有机农产品原料标准化基地；实施中药材产业扶贫行动计划，鼓励中医药企业到贫困地区建设中药材基地；拓宽农产品营销渠道，推动批发市场、电商企业、大型超市等市场主体与贫困村建立长期稳定的产销关系，支持供销、邮政等各类企业把服务网点延伸到贫困村，推广以购代捐的扶贫模式，组织开展贫困地区农产品定向直供直销学校、医院、机关食堂和交易市场活动；完善新型农业经营主体与贫困户联动发展的利益联结机制，推广股份合作、订单帮扶、生产托管等有效做法，实现贫困户与现代农业发展有机衔接；鼓励各地通过政府购买服务的方式向贫困户提供便利高效的农业社会化服务。

2. 易地搬迁脱贫一批

搬迁对象主要是居住在深山、边远高寒、荒漠化和水土流失严重，且水土、光热条件难以满足日常生活生产需要，不具备基本发展条件，以及基本公共服务设施解决难度大、建设和运行成本高的地区，国家禁止或限制开发的地区的建档立卡贫困人口。搬迁方式包括自然村整村搬迁和分散搬迁两种。按照群众自愿、应搬尽搬的原则，综合考虑水土资源条件和城镇化进程，采取集中安置与分散安置相结合的方式多渠道解决。集中安置主要包括在靠近交通要道的中心村或交通条件较好的行政村内就近安置；依托新开垦或调整使用耕地，在周边县、乡镇或行政村规划建设移民新村集中安置。分散安置主要是插花安置，依托安置区已有公共设施、空置房屋等资源，由当地政府采取回购空置房屋、配置耕地等方式进行安置。按照以岗定搬、以业定迁原则，加强后续产业发展和转移就业工作，确保贫困搬迁家庭至少有1个劳动力实现稳定就业。加强安置区社区管理和服务，切实做好搬迁群众户口迁移、上学就医、社会保障、心理疏导等接续服务工作。

3. 生态补偿脱贫一批

将生态保护与脱贫攻坚、绿色发展有机结合。支持贫困地区发展生态经济林、林下经济、草食畜牧业、生态旅游等特色产业，培育绿色增长点。通过设立护林员、草原管护员等公益性岗位，吸纳更多的有劳动能力的贫困人口就业，带动和促进贫困人口增收。加大对贫困地区生态保护与建设的支持力度。加大对贫困地区生态保护与建设的有效投入，国家在安排新一轮退耕还林还草、天然林资源保护、防护林体系建设等重大生态工程投资时，优先考虑贫困地区。继续推进新一轮天然草原退牧还草工程和草原生态奖补政策，提高并足额兑现生态补偿和相关补助资

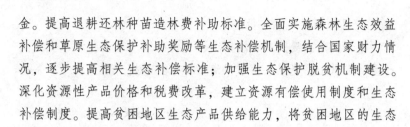

金。提高退耕还林种苗造林费补助标准。全面实施森林生态效益补偿和草原生态保护补助奖励等生态补偿机制，结合国家财力情况，逐步提高相关生态补偿标准；加强生态保护脱贫机制建设。深化资源性产品价格和税费改革，建立资源有偿使用制度和生态补偿制度。提高贫困地区生态产品供给能力，将贫困地区的生态优势转化为发展优势，实现脱贫攻坚与生态保护的双赢。

4. 发展教育脱贫一批

全面落实教育扶贫政策，进一步降低贫困地区特别是深度贫困地区、民族地区义务教育辍学率，稳步提升贫困地区义务教育质量；强化义务教育控辍保学联保联控责任，在辍学高发区制订"一县一策"工作方案，实施贫困学生台账化精准控辍，确保贫困家庭适龄学生不因贫失学辍学；全面推进贫困地区义务教育薄弱学校改造工作，重点加强乡镇寄宿制学校和乡村小规模学校建设，确保所有义务教育学校达到基本办学条件；实施好农村义务教育学生营养改善计划；在贫困地区优先实施教育信息化2.0行动计划，加强学校网络教学环境建设，共享优质教育资源；改善贫困地区乡村教师待遇，落实教师生活补助政策，均衡配置城乡教师资源；加大贫困地区教师特岗计划实施力度，深入推进义务教育阶段教师、校长交流轮岗和对口帮扶工作，国培计划、公费师范生培养、中小学教师信息技术应用能力提升工程等重点支持贫困地区；健全覆盖各级各类教育的资助政策体系，学生资助政策实现应助尽助。

5. 社会保障兜底一批

加强农村低保与扶贫开发政策的有效衔接。加强标准衔接。农村低保标准低于国家扶贫标准的地方，要按照国家扶贫标准综合确定农村低保的最低指导标准。农村低保标准已经达到国家扶贫标准的地方，要按照动态调整机制科学调整并完善农村低保标准与物价上涨挂钩的联动机制，确保困难群众不因物价上涨影响基本生活。加强政策衔接。要应扶尽扶，将符合条件的农村低保对象全部纳入建档立卡范围，及时给予产业扶持，帮助其脱贫增收。要应保尽保，加强农村低保家庭经济状况核查，及时将符合条件的建档立卡贫困户全部纳入农村低保范围，保障其基本生活。加强管理衔接。对农村低保对象和建档立卡贫困人口实施动态管理。稳步推进医疗救助工作。要调整完善医疗救助政策，对贫困人口参加医疗保险个人缴费部分给予定额补贴。在重特大疾病医疗救助方面，不断提高救助水平。加强与大病保险衔接。完善大病保险支付方式，提高保险在"上游"的保障能力，减轻"下游"救助压力，增强医疗救助托底保障功能。积极引导社会力量参与慈善医疗救助，鼓励社会力量尤其是公益慈善组织参与医疗救助。完善特困人员救助供养、临时救助等制度。为城乡特困人员提供基本生活、照料服务、疾病治疗和殡葬服务等方面保障，做到应救尽救、应养尽养。实现特困人员救助供养制度保基本、全覆盖、可持续；推进"三留守"人员关爱服务工作。依托社会福利院、养老院、农村敬老院、救助管理站等机构和社区基层服务组织开展农村"三留守人员"关爱服务相关工作，动员引导社会组织、慈善力量和专业社工机构开展农村"三留守人员"关爱服务。发挥村（居）民委员会最了解农村贫困群众生活状况和救助需求的优势，指导其协助做好留守人员关爱服务等相关工作，为农村贫困群众人口排忧解难。

（三）建立了扶贫政策支撑体系

为了保障脱贫攻坚各项决策部署落到实处，党的十八大以来，相关部门启动了多项重大配套改革举措，以全面深化改革的思维为脱贫攻坚保驾护航。这些改革举措，针对基层推进扶贫开发工作遇到的实际问题，为充分释放活力，促进精准扶贫、精准脱贫基本方略落地提供了有力支撑。

一是继续加大财政扶贫投入力度。发挥政府投入在扶贫开发中的主体和主导作用，确保政府扶贫投入力度与脱贫攻坚任务相适应。中央财政继续加大对贫困地区的转移支付力度，中央财政专项扶贫资金规模实现较大幅度增长，一般性转移支付资金、各类涉及民生的专项转移支付资金和中央预算内投资进一步向贫困地区和贫困人口倾斜。加大中央集中彩票公益金对扶贫的支持力度。农业综合开发、农村综合改革转移支付等涉农资金要明确一定比例用于贫困村。各部门安排的各项惠民政策、项目和工程，要最大限度地向贫困地区、贫困村、贫困人口倾斜。各省（区、市）要根据本地脱贫攻坚需要，积极调整省级财政支出结构，切实加大扶贫资金投入。二是不断加大金融扶贫力度。鼓励和引导商业性、政策性、开发性、合作性等各类金融机构加大对扶贫开发的金融支持力度。运用多种货币政策工具，向金融机构提供长期、低成本的资金，用于支持扶贫开发。设立扶贫再贷款，实行比支农再贷款更优惠的利率，重点支持贫困地区发展特色产业和贫困人口就业创业。运用适当的政策安排，动用财政贴息资金及部分金融机构的富余资金，对接政策性、开发性金融机构的资金需求，拓宽扶贫资金来源渠道。三是完善扶贫开发用地政策。支持贫困地区根据第二次全国土地调查及最新年度变更调查成果，调整完善土地利用总体规划。新增建设用地计划指标优先保障扶贫开发用地需要，专项安排国家扶贫开发工作重点县年度新增建设用地计划指标。中央和省级在安排土地整治工程和项目、分配下达高标准基本农田建设计划和补助资金时，要向贫困地区倾斜。在连片特困地区和国家扶贫开发工作重点县开展易地扶贫搬迁，允许将城乡建设用地增减挂钩指标在省域范围内使用。四是发挥好科技、人才支撑作用。加大科技扶贫力度，解决贫困地区特色产业发展和生态建设中的关键技术问题。加大技术创新引导专项（基金）对科技扶贫的支持力度，加快先进适用技术成果在贫困地区的转化。加大选派优秀年轻干部到贫困地区工作的力度，加大中央单位与中西部地区、民族地区、贫困地区之间干部交流任职的力度，有计划地选派后备干部到贫困县挂职任职。加大贫困地区干部教育培训力度。实施边疆民族地区和革命老区人才支持计划，在职务、职称晋升等方面采取倾斜政策。完善和落实引导人才向基层和艰苦地区流动的激励政策。

（四）建立了扶贫管理机制

党的十八大以来，在党中央的坚强领导下，在精准扶贫理论的指导下，在脱贫攻坚实践中形成了完善高效管理机制，为打赢脱贫攻坚战提供了强力组织保障。

一是建立了扶贫对象动态管理机制。扶贫对象管理主要是指通过对扶贫对象进行精准识别、建档立卡和建立全国扶贫信息网络系统等工作，对扶贫对象进行全方位、全过程的监测，实时反映贫困户和贫困人口的收入、致贫原因、帮扶措施、发展变化等情况，实现对扶贫对象有进有退的动态管理。扶贫对象管理是精准扶贫工作的基础和首要工作。脱贫攻坚通过建档立卡，对贫困户和贫困村进行精准识别，了解贫困状况，分析致贫原因，摸清帮扶需求，明确帮扶主体，落实帮扶措施，开展考核问效，实施动态管理。对贫困县和连片特困地区进行监测和评估，分析掌握扶贫开发工作情况，为扶贫开发决策和考核提供依据。2014年底，在全国范围内建立了贫困户、贫困村、贫困县和连片特困地区电子信息档案。在此基础上，构建了全国扶贫信息网络系统，并实现了动态调整，为精准扶贫工作奠定了坚实基础。二是建立了扶贫责任管理机制。精准扶贫离不开广大领导干部的努力。扶贫责任管理是指，通过对各级领导干部明确责任、严格考核，全面落实脱贫攻坚责任制，从组织上确保精准扶贫各项措施落到实处，帮助贫困群众脱贫致富。为强化脱贫攻坚领导责任制，专门制定了《脱贫攻坚责任制实施办法》，在继续坚持中央统筹、省负总责、市县抓落实的工作机制大框架下，对中央、省、区、市、县等各级机构及人员责任进行了细化，构建了责任清晰、各负其责、合理攻坚的责任体系。中央负责全国脱贫攻坚、精准扶贫工作的统筹，省对各自地区脱贫攻坚、精准扶贫工作负总责，市县负责脱贫攻坚、精准扶贫项目的落实，对定点扶贫单位等其他相关机构及人员责任也进行了明确。同时，严格扶贫责任考核督查，促使各级机构和人员切实履职尽责，改进工作。2016年初专门制定了《省级党委和政府扶贫开发工作成效考核办法》，对考核原则及目标、考核内容、考核办法以及考核结果处理等做了明确规定。三是建立了扶贫队伍管理机制。扶贫队伍管理，主要是指对工作在农村贫困地区大量一线人员的管理，包括乡镇扶贫工作人员、贫困村工作人员以及由各级选派的驻村第一书记及扶贫工作队员等。主要措施是明确第一书记和驻村扶贫工作队员的职责，制定第一书记及扶贫工作队员的管理考核办法，建立第一书记及扶贫工作队员的保障服务机制。四是建立了扶贫资金管理机制。加强扶贫资金管理，增强资金使用的针对性和实效性，推进扶贫资金使用精准，切实使资金直接用于扶贫对象。创新扶贫资金筹措机制，确保资金投入力度；改革扶贫资金使用机制，提高扶贫资金使用效率；完善扶贫资金监管机制，确保扶贫资金安全使用。五是建立了贫困退出管理机制。贫困退出管理主要是指，通过建立贫困户、贫困村和贫困县退出机制，严格退出程序和标准，对扶贫对象进行动态管理，做到贫困户有进有出，确保扶贫对象按期退出和确保扶贫质量。由国务院扶贫办领导小组制定统一的退出标准和程序，各省在遵守国务院扶贫开发领导小组制定的统一退出标准和程序的基础上，可以结合本地情况，细化标准和程序。

第三节 巩固脱贫攻坚成果与乡村振兴有效衔接

一、脱贫攻坚与乡村振兴的关系

（一）脱贫攻坚是乡村振兴的前提和基础

在全面建设小康社会过程中，脱贫攻坚和乡村振兴的时序在《中共中央 国务院关于打赢脱贫攻坚战的决定》和《中共中央 国务院关于实施乡村振兴战略的意见》中进行了安排，脱贫攻坚的近期目标是到 2020 年实现消除绝对贫困，稳定实现"两不愁三保障"，确保我国现行标准下农村贫困人口实现脱贫，贫困县全部摘帽，解决区域性整体贫困。中期目标是到 2035 年相对贫困进一步缓解，在消除绝对贫困的基础上，巩固前期脱贫成果，防止返贫发生，消弭贫困脆弱性；远期目标是到 2050 年消除贫困实现共同富裕，在消除贫困之后促进贫困对象实现长期可持续稳定脱贫。乡村振兴时序安排为：近期目标是到 2020 年，乡村振兴相关制度框架和政策体系基本形成；中期目标则是到 2035 年，基本实现农业农村现代化；远期目标为到 2050 年，乡村全面振兴，"农业强""农村美""农民富"全面实现。由此可见，以消除绝对贫困为目标的脱贫攻坚要在 2020 年前完成，这是当前最大的历史使命。打好打赢脱贫攻坚战是全面建成小康社会的底线任务,是乡村振兴的首场硬仗,是乡村振兴的前提、基础和底线,是必须率先完成的任务。

精准脱贫攻坚战,在经济建设、政治建设、文化建设、生态文明建设等各方面取得了明显成效,极大地改善了农村生产生活条件,提高了农村公共服务水平,提升了乡村治理能力,为接续推进乡村振兴奠定了坚实基础。此外,在脱贫攻坚的推进过程中,积累了许多有益的经验,如坚持党的领导、坚持精准方略、增加投入、各方参与形成合力、坚持依靠群众等等,这些实践中获得的宝贵经验和形成的一系列制度成果,为实现乡村振兴提供了重要借鉴和参照。

(二)乡村振兴为产业脱贫提供动力

"发展生产脱贫一批"是脱贫攻坚"五个一批"中的重点。作为一种内生发展机制,产业扶贫试图在市场导向的前提下以产业发展带动贫困地区发展,从而实现贫困群众稳定增收,这在实质上是由"输血式扶贫"向"造血式扶贫"转变,这种转变对去除贫困发生的动因和促进贫困个体与贫困区域协同发展具有重要意义。

在乡村振兴"二十字方针"中,产业兴旺排在首位,这与产业脱贫高度契合。首先,乡村振兴能为产业脱贫提供产业支撑,产业的存在是产业脱贫的前提,乡村振兴通过结合区位优势布局和培育地方优势特色产业,为产业脱贫提供了产业基础。其次,乡村振兴在提供产业基础的同时,通过对农业多功能性的有力挖掘和一二三产业融合,极大地延伸了产业链,这为产业脱贫提供了长久有效的保障。最后,乡村振兴的产业建设是全方位的立体产业建设,其不仅在生产方式上进行变革,还在大力发展新模式新业态，这有助于产业脱贫质量和水平的提升。

二、巩固脱贫攻坚成果与乡村振兴有效衔接的总体要求

中国的脱贫攻坚取得了全面胜利，脱贫摘帽不是终点，而是新生活、新奋斗的起点。根据党中央的决策部署，我们不仅要珍惜脱贫攻坚实践过程中形成的宝贵经验，还要巩固拓展脱贫攻坚成果与乡村振兴的有效衔接。

（一）指导思想

以习近平新时代中国特色社会主义思想为指导，深入贯彻党的十九大和十九届二中、三中、四中、五中全会精神，坚定不移贯彻新发展理念，坚持稳中求进工作总基调，坚持以人民为中心的发展思想，坚持共同富裕方向，将巩固拓展脱贫攻坚成果放在突出位置，建立农村低收入人口和欠发达地区帮扶机制，健全乡村振兴领导体制和工作体系，加快推进脱贫地区乡村产业、人才、文化、生态、组织等全面振兴，为全面建设社会主义现代化国家开好局、起好步奠定坚实基础。

（二）基本思路和目标任务

脱贫攻坚目标任务完成后，设立 5 年过渡期。脱贫地区要根据形势变化，理清工作思路，做好过渡期内领导体制、工作体系、发展规划、政策举措、考核机制等有效衔接，从解决建档立卡贫困人口"两不愁三保障"为重点转向实现乡村产业兴旺、生态宜居、乡风文明、治理有效、生活富裕，从集中资源支持脱贫攻坚转向巩固拓展脱贫攻坚成果和全面推进乡村振兴。到2025 年，脱贫攻坚成果巩固拓展，乡村振兴全面推进，脱贫地区经济活力和发展后劲明显增强，乡村产业质量效益和竞争力进一步提高，农村基础设施和基本公共服务水平进一步提升，生态

环境持续改善，美丽宜居乡村建设扎实推进，乡风文明建设取得显著进展，农村基层组织建设不断加强，农村低收入人口分类帮扶长效机制逐步完善，脱贫地区农民收入增速高于全国农民平均水平。到2035年，脱贫地区经济实力显著增强，乡村振兴取得重大进展，农村低收入人口生活水平显著提高，城乡差距进一步缩小，在促进全体人民共同富裕上取得更为明显的实质性进展。

（三）主要原则

1. 坚持党的全面领导

坚持中央统筹、省负总责、市县乡抓落实的工作机制，充分发挥各级党委总揽全局、协调各方的领导作用，省市县乡村五级书记抓巩固拓展脱贫攻坚成果和乡村振兴。总结脱贫攻坚经验，发挥脱贫攻坚体制机制作用。

2. 坚持有序调整、平稳过渡

过渡期内在巩固拓展脱贫攻坚成果上下更大功夫、想更多办法、给予更多后续帮扶支持，对脱贫县、脱贫村、脱贫人口扶上马送一程，确保脱贫群众不返贫。在主要帮扶政策保持总体稳定的基础上，分类优化调整，合理把握调整节奏、力度和时限，增强脱贫稳定性。

3. 坚持群众主体、激发内生动力

坚持扶志扶智相结合，防止政策养懒汉和泛福利化倾向，发挥奋进致富典型示范引领作用，激励有劳动能力的低收入人口勤劳致富。

4. 坚持政府推动引导、社会市场协同发力

坚持行政推动与市场机制有机结合，发挥集中力量办大事的优势，广泛动员社会力量参与，形成巩固拓展脱贫攻坚成果、全面推进乡村振兴的强大合力。

第二章 建立健全巩固拓展脱贫攻坚成果长效机制

第一节 保持主要帮扶政策总体稳定

一、坚持"四个不摘"

脱贫攻坚目标任务完成后，设立5年过渡期，巩固脱贫攻坚与乡村振兴有效衔接。在过渡期内，要严格落实"四个不摘"要求，保持现有帮扶政策、资金支持、帮扶力量总体稳定。

"四个不摘"是指：摘帽不摘责任，防止松劲懈怠；摘帽不摘政策，防止急刹车；摘帽不摘帮扶，防止一撤了之；摘帽不摘监管，防止贫困反弹。它形象生动地表达了在脱贫攻坚取得全面胜利之后，脚踏实地、继往开来、接续奋斗的坚定决心，为全国人民凝心聚力全面推进乡村振兴提供了清晰的路径遵循。

"四个不摘"，实质是要求我们不要把脱贫摘帽当作终点，而是要当作新生活、新奋斗的起点，一鼓作气、再接再厉全面推进乡村振兴。这需要坚决克服骄傲自满的思想，杜绝"差不多就行了"的认识，摒弃"歇一歇再起来赶路"的念头，乘胜追击、快马加鞭，坚持把责任担当牢牢扛在肩上，把好的政策落地落实落细，把继续帮扶时刻放在心上，把强化监管、防止返贫放到重要位置上，做到现有帮扶政策该延续的延续、该优化的优化，确保政策连续性。

【案例链接】

落实"四个不摘"，严防"急刹车"

脱贫攻坚是一项历史性工程。经过8年持续奋斗，河洛大地如期完成新时代脱贫攻坚目标任务，49.9万现行标准下农村贫困人口全部脱贫，6个贫困县全部摘帽，消除了绝对贫困和区域性整体贫困。脱了贫，还要致富，但发展不平衡不充分的问题仍然突出，巩固拓展脱贫攻坚成果任务依然艰巨。

河南省汝阳县脱贫攻坚领导小组印发的《关于巩固拓展脱贫攻坚成果建立防止返贫动态监测和帮扶长效机制的实施意见》强调，过渡期内要严格落实"四个不摘"要求，保持现有帮扶政策、资金支持、帮扶力量的总体稳定，严防帮扶政策"急刹车"。

1. 摘帽不摘责任

已摘帽县党委、政府要定期研究巩固拓展脱贫攻坚成果工作，保持干劲不懈、工作不断、机制不乱。

2. 摘帽不摘政策

加强后续扶持，对脱贫县、脱贫村、脱贫人口扶上马送一程，确保脱贫群众不返贫。在主要帮扶政策保持总体稳定的基础上，分类优化调整，合理把握调整节奏、力度和时限，增强脱贫稳定性。

3. 摘帽不摘帮扶

持续开展领导干部联系分包、机关企事业单位定点帮扶、城市区结对帮扶、校地结对帮扶等各类帮扶；继续选派驻村第一书记和工作队，健全常态化驻村工作机制。

4. 摘帽不摘监管

对摘帽县、出列村、脱贫户定期跟踪监测，对行业政策落实情况定期督导，确保政策落实到村到户到人。

（摘编自《洛阳日报》）

二、保持兜底救助类政策稳定

（一）提升兜底保障水平

党的十八大以来，以习近平同志为核心的党中央坚持精准扶贫精准脱贫基本方略，对兜底保障工作做出系列重大决策部署。2013 年 11 月，习近平总书记在湖南省首次提出精准扶贫重要论述；在中央扶贫开发工作会议上，习近平总书记强调"社会保障兜底一批"，要求对完全或部分丧失劳动能力的贫困人口，发挥低保兜底作用。

当前，脱贫攻坚已经取得了全面胜利，但还存在一些残疾人、孤寡老人、长期患病者等"无业可扶、无力脱贫"的贫困人口以及部分教育文化水平低、缺乏技能的贫困群众。对于这些特殊人群，只有采取农村低保等政策性兜底保障和慈善等帮扶措施，才能解决他们的特殊困难。

提升兜底保障水平，要健全农村低保与扶贫开发两项制度衔接机制，统筹发挥社会保险、社会救助、社会福利等综合保障作用，落实好城乡低保、医疗保险、养老保险、特困人员救助供养、临时救助等综合社会保障政策，编密织牢特殊困难人口基本生活兜底保障网。落实好残疾人救助、"两补"政策，做好留守儿童、留守老人、留守妇女等特殊群体关爱服务，对突发性的因灾等情况出现的相对困难群体，实施好生产生活救助，帮助渡难关、解忧愁。同时，通过把空置学校、旧村部等公共场所设施改造为农村幸福苑、敬老院，切实提高空巢老人的集中供养能力。

（二）提高防灾救灾能力

加强部门协作配合，健全完善自然灾害救助应急预案和应急救灾响应措施，自然灾害造成受灾群众基本生活困难的，第一时间调拨发放帐篷、被服、食品等救灾物资，进一步发挥 7 个乡镇扶贫开发基金临时救助作用，确保受灾群众在灾后 12 小时内基本生活得到初步救助，有效解决其突发性、紧迫性、临时性基本生活困难。同时，修建完善好乡村生产便道、小型灌溉设施等公益性生产生活设施，重点解决影响乡村产业发展中最突出和紧迫的制约因素，增强抵御自然灾害的能力，提升产业发展的稳定性。

三、落实民生保障普惠性政策

落实好教育、医疗、住房、饮水等民生保障普惠性政策，并根据脱贫人口实际困难给予适度倾斜。

（一）教育政策保障方面

认真落实学前教育、义务教育、普通高中、中职教育、普通高等教育等资助政策。发挥乡镇扶贫开发基金会作用，每年定期给予困难学生尤其是困难大中专学生生活补助费用，确保除身体原因不具备学习条件外脱贫家庭义务教育阶段适龄儿童少年不失学辍学。

（二）医疗保障方面

落实好城乡居民医疗保险、叠加补助、医疗救助、大病保险倾斜等政策。改善村级卫生所设施条件，推进卫生人才培养和乡村基层卫生机构医务人员技能培训，提高签约医生对特殊病种服务水平。继续为扶持对象购买扶贫小额保险，切实减轻医疗费用负担，有效防范因病返贫致贫风险。

（三）住房保障方面

建立健全脱贫户和相对贫困家庭房屋安全定期核查和汛期跟踪动态监测机制，做好房屋结构、地质灾害、设施设备、火灾洪灾等安全隐患排查，通过危房改造等多种方式，及时消除安全隐患，确保基本住房安全。落实政策性农村住房保险政策，对脱贫户、相对贫困家庭（含低保户）办理基础保险和叠加保险。强化易地扶贫搬迁后续扶持措施，着力帮助搬迁对象解决户口、就学、产业、就业等问题，着力提升搬迁群众生产生活质量。

（四）饮水质量保障方面

持续开展农村饮水安全巩固提升工程建设项目，及时将有条件的脱贫户和相对贫困家庭纳入集中供水对象，着力提高自来水普及率、集中供水率、水质合格率，确保喝上安全放心饮用水。

四、优化产业就业等发展类政策

（一）壮大县域优势产业

抓好产业帮扶措施衔接，做活山田农林水文章，优化产业扶持标准，推进产业扶持政策措施由到村到户为主向到乡到村带户为主转变。采取"宜农则农""宜工则工""宜商则商""长短中"相结合方式，壮大种业、莲业、果蔬、林业、烟叶、旅游、电商等县域特色产业，确保脱贫户和相对贫困家庭稳定增收。做好金融服务政策衔接，推进实施农业产业保险，为扶持对象发展生产提供保险保障。同时，坚持开展消费扶贫活动，优选县域综合服务能力强的优势电商企业，建设县级扶贫产品（农产品）统购统销平台，做好与央企和省、市属农产品销售平台的对接，全方位推动县内机关和企事业单位在深化消费扶贫上带好

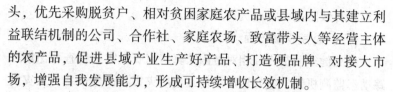

头，优先采购脱贫户、相对贫困家庭农产品或县域内与其建立利益联结机制的公司、合作社、家庭农场、致富带头人等经营主体的农产品，促进县域产业生产好产品、打造硬品牌、对接大市场，增强自我发展能力，形成可持续增收长效机制。

（二）推进就业创业增收

搭建用工信息平台，培育县域劳务品牌，加大脱贫人口有组织劳务输出力度。实施"家门口就业工程"，支持在农村人居环境、小型水利、乡村道路、农田整治、水土保持、产业园区、林业生态基础设施等涉农项目建设和管护时广泛采取以工代赈方式。统筹用好卫生保洁、生态管护等公益性岗位，健全按需设岗、以岗聘任、在岗领补、有序退岗的管理机制，推进县域内生产、加工、销售、物流等企业优先聘用扶持对象，让脱贫户和相对贫困家庭就近就地创业就业。继续支持脱贫户"两后生"（初、高中毕业未能继续升学的贫困家庭中的富余劳动力）接受职业教育，落实好脱贫户、相对贫困家庭子女接受大中专职业教育在校生给予资助和离校未就业的高校毕业生提供就业支持。

（三）探索创新融合试点

坚持"一乡一业"和"一村一品"的特色产业发展路径，拓展延伸"六促三保"内涵，采取量化折股、跨村联建等方式，探索财政奖补资金股权量化、资源变资产、资金变股金、农民变股东的有效方式，每年探索实施一批精准扶贫与乡村振兴相融合试点项目，完善92个村级集体股份经济合作社平台建设，健全村级经济发展和农民增收的利益联结机制，提升村级组织服务群众能力。加强村级组织建设，注重典型引领，完善生产奖补、劳务补助、以工代赈等方式，激发脱贫对象的信心和发展动力，坚决杜绝"等靠要"思想。

第二节 健全防止返贫动态监测和帮扶机制

一、推进动态监测监管

加强相关部门、单位数据共享和对接，健全防止返贫动态监测和帮扶机制，按季度开展国扶系统数据动态管理，对脱贫县、脱贫乡、退出村、脱贫人口各项指标开展监测预警，重点跟踪农民人均可支配收入、村级集体经济收入、脱贫户收入变化情况和"两不愁三保障"及安全饮用水等巩固情况，坚持预防性措施和事后帮扶相结合，对退出村、脱贫户实行分级分类管理，将已脱贫但不稳定对象实行单列管理，分层分类及时纳入帮扶政策范围，实行动态清零。同时，每季度开展农村相对贫困家庭动态管理，落实好产业、就业、教育、医疗、住房等综合性帮扶措施，从解决绝对贫困向解决城乡相对贫困转变，确保每一位群众享受到改革发展"红利"。

二、加强日常监督检查

把巩固拓展脱贫攻坚成果纳入乡镇领导班子和领导干部推进乡村振兴战略实绩考核范围，并将考核记过作为干部选拔任用、评先奖优、问责追责的重要参考。持续深入开展扶贫领域作风和腐败问题专项整治，对扶贫领域作风及腐败问题线索优先处置，严肃查处，并在一定范围内通报曝光，努力克服形式主义、官僚主义问题。完善联合监督检查工作机制，加强常态化督导，及时发现问题，抓好考核考评、巡视巡察、审计、督查检查等发现问题的整改。加强12317扶贫监督平台管理与应用，做好涉贫舆情处置，及时主动回应社会关切。

第三节 巩固"两不愁三保障"及饮水安全成果

"两不愁"就是稳定实现农村贫困人口不愁吃、不愁穿；"三保障"就是义务教育有保障，基本医疗有保障，住房安全有保障，两者是农村贫困人口脱贫的基本要求和核心指标。当前，农村贫困人口不愁吃、不愁穿的问题基本解决了，应着力巩固"三保障"成果。

一、健全控辍保学工作机制

健全控辍保学工作机制，确保除身体原因不具备学习条件外脱贫家庭义务教育阶段适龄儿童少年不失学辍学。健全政府、有关部门及学校共同参与的联控联保责任机制，健全定期专项行动机制，在每学期开学前后集中开展控辍保学专项行动，严防辍学新增反弹。加强农村留守儿童和困境儿童的关心关爱工作，强化控辍保学、送教上门、心理健康教育等工作措施。健全依法控辍治理机制，完善用法律手段做好劝返复学的工作举措。健全教学质量保障机制，深化教育教学改革，不断提高农村教育教学质量。

【知识链接】

"两不愁三保障"及饮水安全的指标
——以吉林省为例

（一）两不愁的指标

1. 不愁吃

不愁吃，是指根据个人的饮食习惯，能够满足主、副食需要，提供基本营养保障，达到日常饮食标准。每天 500 克米或面，500 克蔬菜，100 克左右的蛋白质（包括肉、蛋、奶、豆制品等营养食物），有安全饮水。

2. 不愁穿

不愁穿，是指做到四季有换季衣服、日常有换洗衣服。

（二）三保障的指标

1. 基本医疗保障

一是建档立卡贫困人口 100%参加基本医疗和大病保险。

二是建档立卡贫困人口家庭医生签约服务达到 100%，实现一人一策。

三是在定点医院住院享受"先诊疗、后付费""一站式报销"等政策。

四是常见病住院实现报销比例达 90%以上，慢病门诊费用报销比例达到 80%以上。

2. 教育保障

教育保障是指教育阶段中没有因贫辍学的学生。

义务教育保障是指九年制义务教育阶段中没有因贫辍学的学生（因病休学和因残疾、智障而不能上学、辍学、休学的除外）。

（1）学前教育阶段

资助对象：普惠性幼儿园中建档立卡家庭儿童、低保家庭儿童、特困救助供养儿童、孤儿和残疾儿童。

普惠性幼儿园：经区教育局认定、民政部颁发民办非企业登记证、入吉林省普惠性幼儿园库且收费在每人每月 850 元以内的幼儿园。也就是说，校带幼儿园、低收费幼儿园是普惠性幼儿园，收费超过 850 元的不算是普惠性幼儿园。

资助标准：农村每生每年资助 1 500 元，城市每生每年资助 2 000 元。

需要向幼儿园申请填报《学前教育资助申请表》。

（2）义务教育阶段

——午餐费补助

资助对象：低保家庭、建档立卡家庭义务教育阶段学生。

低保家庭孩子的午餐费由上级省财政负责。

不是低保户的建档立卡贫困户孩子午餐费和校车费由区政府负责。

——寄宿生生活费补助

资助对象：建档立卡、残疾、低保、特困家庭寄宿学生。

资助标准：年均小学 1 000 元，初中 1 250 元。

——乘车费补助

资助对象：建档立卡贫困家庭学生。

（3）高中阶段

资助对象：建档立卡贫困家庭学生。

资助标准：每生每年 5 000 元。

（4）中高职阶段（由中央财政负责）

资助对象：建档立卡贫困家庭学生。

资助标准：按照吉林省"雨露计划"标准执行，每生每年 3 000 元。

3. 住房安全保障

居民住房安全分 A、B、C、D 4 个等级。其中 A、B 级住房属于安全住房，C、D 级住房属危险性住房，须进行修缮加固或者拆除重建。

如有目测是危房或者疑似危房的，由村里上报到乡里，再由乡里上报到区住建局，由住建局组织专家对住房安全进行鉴定，并出具《危房改造对象认定表》。

注意：属于 A、B、C 级的住房由乡镇负责管理和修缮，例如住房的门、窗、瓦等部位损坏，不影响住房安全的不属于危险住房，由乡、村、包保部门负责；只有鉴定为 D 级的危房，由住建局负责改造或重建，改造后的住房须由县级住建部门进行验收，并出具《房屋安全鉴定报告》。

另外，子女赡养、农房置换、租赁房屋和租住公租房等均视为有住房保障。

（三）饮水安全

标准：农村饮水安全，是指农村居民能及时取得足量够用的生活饮用水，且长期饮用不能影响人身健康。

包括水量、水质、方便程度和保证率 4 个指标，全部达标才能评为饮水安全。

水量：每人每天获得水量为 20~60 升。包括饮用水量、散养畜禽用水量、家庭小作坊生产用水量以及居民点公共用水量等，不包括规模化养殖畜禽、二三产业及牧区牲畜用水量。

水质：符合国家《生活饮用水卫生标准》（GB 5749—2006）要求的为达标（主要是微生物和重金属含量）。分散式供水的，可采用"望、闻、问、尝"等进行现场评价。饮用水中无肉眼可见杂质、无异色异味、用水户长期饮用无不良反应可评价为基本达标，也可进行水质检测。集中式供水的贫困村要有水质安全检测报告。

方便程度：取水往返时间不超过 10 分钟为安全，不超过 20 分钟为基本安全。因用水户个人意愿或风俗习惯，具备入户条件但未入户的，评价为达标。

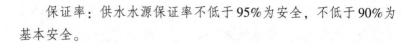
保证率：供水水源保证率不低于95%为安全，不低于90%为基本安全。

二、完善脱贫人口医疗保障政策

（一）建立防范化解因病返贫致贫长效机制

依托农村低收入人口监测平台，做好因病返贫致贫风险监测，建立健全防范化解因病返贫致贫的主动发现机制、动态监测机制、信息共享机制、精准帮扶机制。根据个人年度费用负担情况，由地方根据实际情况，分类明确因病返贫和因病致贫监测标准。建立依申请救助机制，将发生高额医疗费用的易返贫致贫人口和因高额医疗费用支出导致家庭基本生活出现严重困难的大病患者纳入医疗救助范围，对其经基本医保、大病保险支付后，符合规定的个人自付费用酌情予以救助，防止因病返贫致贫。各统筹区要加强动态监测，及时预警，提前介入，跟进落实帮扶措施。健全引导社会力量参与减贫机制，鼓励商业健康保险和医疗互助发展，不断壮大慈善救助，形成对基本医疗保障的有益补充。

（二）优化调整脱贫人口医疗救助资助参保政策

根据脱贫人口实际困难，统筹完善居民医保分类资助参保政策，合理把握调整节奏、力度、时限。对特困人员给予全额资助，对低保对象给予定额资助，脱贫不稳定且纳入相关部门农村低收入人口监测范围的，过渡期内可根据实际享受一定期限的定额资助政策。定额资助标准由各省（区、市）确定。乡村振兴部门认定的返贫致贫人口，过渡期内按规定享受资助参保政策。未纳入农村低收入人口监测范围的稳定脱贫人口，按标准退出，不再享受医疗救助资助参保政策。

（三）分类调整医疗保障扶贫倾斜政策

基本医保实施公平普惠保障政策。在逐步提高大病保障水平基础上，大病保险继续对特困人员、低保对象和返贫致贫人口实施倾斜支付。进一步夯实医疗救助托底保障，合理控制救助对象政策范围内自付费用比例。

（四）坚决治理医保扶贫领域过度保障政策

坚决防范福利主义，严禁超越发展阶段、超出承受能力设定待遇保障标准。全面清理存量过度保障政策，杜绝新增待遇加码政策。推进居民基本医疗保险统筹区内政策统一、待遇普惠，确保政策有效衔接、待遇平稳过渡、制度可持续。

（五）确保农村低收入人口应保尽保

落实参保动员主体责任，做好分类资助参保工作，重点做好脱贫人口参保动员工作。健全农村低收入人口参保台账，确保纳入资助参保范围且核准身份信息的特困人员、低保对象、返贫致贫人口动态纳入基本医疗保险覆盖范围。对已实现稳定就业的脱贫人口，引导其依法依规参加职工基本医疗保险。做好农村低收入人口参保和关系转移接续工作，跨区域参保关系转移接续以及非因个人原因停保断保的，原则上不设待遇享受等待期，确保待遇接续享受。

【案例链接】

江西省大力巩固健康扶贫成果

江西省健康扶贫工程实施以来，全省 29.5 万户因病致贫户全部脱贫，健康扶贫对全省脱贫攻坚的总体贡献率达到了34.3%。在 2021 年 2 月 25 日举行的全国脱贫攻坚总结表彰大会上，省卫生健康委基层卫生健康处荣获"全国脱贫攻坚先进集体"荣誉称号，寻乌县项山乡福中村乡村医生潘昌荷荣获"全国脱贫攻坚先进个人"荣誉称号。

全省实施"重病兜底保障一批、大病集中救治一批、慢病签约服务管理一批"政策，为贫困人口提供健康保障服务。据统计，江西省贫困患者住院医疗费用报销比例稳定在90%的适度要求。同时，江西省居民年住院率、年人均诊疗人次、门诊和住院次均费用均低于全国平均水平，用较低的费用保障了城乡居民健康。

全省有效加强了重点传染病、地方病和妇幼等重点人群疾病防治工作。在推进健康乡村建设过程中，将继续强化公共卫生项目，持续加强传染病、地方病和重点人群高发易发疾病的防控，有效降低发病率，推动早筛查、早诊断、早治疗，努力做到少得病、少得大病。

不断增强医疗卫生服务供给能力，提升县级医院救治能力。2020年中央财政投入资金3 360万元，重点支持24个国家级贫困县县级公立医院感染、呼吸、重症专科建设。下一步，江西省将不断扩大重点专科建设覆盖面，推进远程医疗建设，依托并优化省远程医疗系统，大力组织省直医院开展远程会诊、教学培训和救治指导，不断提升能力水平，大力推进对口支援帮扶。

全省积极推进健康扶贫成果同健康乡村建设相衔接，保障农村居民享有基本医疗卫生服务。2020年，全省改造农村户厕79万座，无害化卫生厕所普及率达94%；全省集中居住300户或1 000人以上村庄实现卫生公厕全覆盖。全省基层医疗机构为老年人、儿童、孕产妇、高血压、糖尿病、重性精神疾病和结核病患者等1 198万余人提供了健康管理服务。

（摘编自《江西日报》）

三、保障农村低收入群体的基本住房安全

（一）建立农村脱贫人口住房安全动态监测机制

各地住房和城乡建设部门要与乡村振兴（扶贫）、民政等部门加强协调联动和数据互通共享，健全完善农村低收入群体等重点对象住房安全动态监测机制。对于监测发现的住房安全问题要建立工作台账，实行销号制度，解决一户，销号一户，确保所有保障对象住房安全。

（二）多种方式保障农村低收入群体的基本住房安全

通过农户自筹资金为主、政府予以适当补助方式实施农村危房改造，是农村低收入群体等重点对象住房安全保障的主要方式。符合条件的保障对象可纳入农村危房改造支持范围，根据房屋危险程度和农户改造意愿选择加固改造、拆除重建或选址新建等方式解决住房安全问题。对已实施过农村危房改造但由于小型自然灾害等原因又变成危房且农户符合条件的，有条件的地区可将其再次纳入支持范围，但已纳入因灾倒损农房恢复重建补助范围的，不得重复享受农村危房改造支持政策。

鼓励各地采取统建农村集体公租房、修缮加固现有闲置公房等方式，供自筹资金和投工投劳能力弱的特殊困难农户周转使用，解决其住房安全问题。村集体也可以协助盘活农村闲置安全房屋，向符合条件的保障对象进行租赁或置换，地方政府可给予租赁或置换补贴，避免农户因建房而返贫致贫。

7度及以上抗震设防地区住房达不到当地抗震设防要求的，可引导农户因地制宜选择拆除重建、加固改造等方式，对抗震不达标且农户符合条件的农房实施改造。

四、提升农村供水保障水平

近年来，农村供水虽然取得了很大的成绩，但由于我国国情、水情复杂，区域差异性大，目前农村供水保障水平总体仍处于初级阶段，部分农村地区还存在水源不稳定、农村供水保障水平不高和小型工程运行管护较为薄弱等问题。为此，应以问题为导向，稳步推进农村饮水安全向农村供水保障转变，提升农村供水标准和质量，实现巩固拓展脱贫攻坚成果同乡村振兴有效衔接。

（一）补齐水源工程短板

综合考虑农村供水工程规模、村庄与人口变化、供水能力等因素，做好用水供需平衡分析，优先利用已建水库、引调水等骨干水源工程作为农村供水工程水源，因地制宜建设一批中小型水库等水源工程，加强水源调度和优化配置，解决水源不稳定的问题。新建供水工程，必须强化水源论证，提高水源稳定性。人口分散地区，加强小水源和储水供水设施建设，辅以应急供水措施，解决季节性缺水问题。

（二）升级改造农村供水设施

鼓励引导有条件的地区，以县域为单元，推进一批规模化供水工程建设，实现城乡供水统筹发展。更新改造一批老旧供水管网和设施，解决农村供水"卡脖子"和"最后一公里"问题。实施一批小型供水工程标准化建设和改造，巩固拓展农村供水成果。

（三）强化水质保障

推进千人以上工程水源保护，万人工程配齐净化消毒设施设备和水质化验室，千人工程配齐消毒设备，百人工程采取适宜消毒措施，优先解决农村供水硝酸盐等毒理学指标超标问题，着力解决微生物超标等共性问题。加强水厂水质自检与行业巡检，强化万人工程卫生学评价，提升水质保障水平。

（四）完善工程管护体制机制

按照"谁投资、谁所有"的原则，明晰农村供水工程产权，落实工程管护责任主体和经费。健全完善农村集中供水工程合理水价形成和水费计收机制。推行千人以上工程实行企业化经营、专业化管理。有条件的地区，成立或依托统一机构，推进全域化统管机制；鼓励通过政府采购服务、经营权承包、政府与社会资本合作等方式，提升专业化和社会化管理服务水平。

【案例链接】

福建省出台提升农村供水保障水平实施方案

巩固提升农村饮水安全是2021年福建省为民办实事项目。福建省人民政府办公厅印发《巩固提升农村供水保障水平实施方案》，提出通过3年努力，到2022年，完成3 592个村供水巩固提升工程建设，全省农村居民饮水水量、水质达到《农村饮水安全评价准则》规定标准，并保持基本稳定。

方案强调，要以高起点规划、高标准建设农村供水工程为抓手，以创新运营管护机制为载体，以水质水量达标为重点，全面巩固提升农村供水保障水平，大力推进城乡供水融合发展，增强农民群众获得感、幸福感、安全感。

方案明确了工程建设的六大重点任务：一是统筹编制规划，2020年底前编制完成市域或县域农村供水巩固提升工程建设规划，积极统筹规划污水处理、中水回用等方面建设。二是以设区市或县（市、区）为单元，推行企业化运营、专业化管理。省属企业通过控股或参股等方式，与地方合作组建水务公司，有条件的地方可自行组建水务公司，鼓励和支持实施主体对城乡供水、污水处理、中水回用等实行一体建设、一体运维。三是守住脱贫底线，2020 年底前，实施 996 个建档立卡贫困村饮水安全巩固提升，补齐水源、水厂、管网等工程短板，采取管网延伸、更新设施和添置储水罐、家用净水器等有效措施，确保建档立卡贫困户饮水安全。同时，跟踪监测 2 201 个建档立卡贫困村、45.2 万建档立卡贫困人口和新增贫困人口饮水安全状况，决不把饮水不安全问题带入小康社会。四是改扩充足水源，到 2025 年新改扩建水源 3 847 处，新增原水管道 8 184 千米以上，加快完成供水人口 10 000 人或日供水 1 000 吨以上的农村水源地保护区划定。五是建设规范水厂，到 2025 年新建规模化集中式水厂 387 处，配套改造净水设备 4 194 个、消毒设备 5 350 个。六是配套供水管网方面，到 2025 年新建改建配水管网 6.77 万千米以上，一户一表改造 114.4 万户以上。

方案提出，要创新投融资机制，工程建设采取政府直接投资和注入投资项目资本金相结合的办法。根据融资平衡、运营维护的需要，项目资本金比例一般为 30%，在投资回报机制明确、收益可靠、风险可控的前提下，可以适当降低但不低于 15%。市、县（区）政府要将符合地方政府专项债券发行使用条件的工程建设项目，优先纳入专项债券项目库。在财政支持方面，省级支持额度按照项目应筹集资本金的一定比例进行测算，实行分类、分档支持。其中，省级扶贫开发工作重点县按 85%，转移支付第一档县按 70%，转移支付第二档县按 60%，其他县（市、区）按 30%。

在运营维护保障方面，方案提出，市、县（区）政府要科学制定供水水价，完善供水价格调整机制。对水费收入一时不能弥补建设和运营成本的，按照权属责任，由市、县（区）政府根据项目运营实际情况，予以合理补贴。

（摘编自《福建日报》）

第四节　做好易地扶贫搬迁后续扶持工作

聚焦原深度贫困地区、大型特大型安置区，从就业需要、产业发展和后续配套设施建设提升完善等方面加大扶持力度，完善后续扶持政策体系，持续巩固易地搬迁脱贫成果，确保搬迁群众稳得住、有就业、逐步能致富。提升安置区社区管理服务水平，建立关爱机制，促进社会融入。

一、加大就业帮扶，促进群众稳定就业

继续开展搬迁群众就业帮扶专项行动，通过组织线上线下招聘活动，定向推送招聘岗位信息，开展有针对性的就业培训。因地制宜实施一批当地重点建设项目和以工代赈项目，积极动员搬迁群众参与工程建设，开发养路、护林等公益岗位，促进搬迁群众就地就近就业。针对大型特大型安置社区，设立就业服务站点。调查掌握已就业劳动力就业状况和就业意愿变化情况，做好跟踪服务和劳动权益保障，确保每个有劳动力的搬迁已脱贫家庭实现至少一人稳定就业。

二、着力发展产业，拓宽群众增收渠道

通过项目资金安排倾斜，提升新建一批易地扶贫搬迁安置区配套产业园区（项目），推动安置区大力发展配套产业，因地制

宜发展后续产业，支持安置区配套产业公共服务平台建设，承接发达地区劳动密集型产业转移。加强技术服务和指导，积极开展农业生产托管，培育绿色、有机、地理标志农产品，提高农产品附加值。完善利益联结机制，把农户纳入产业链条，实现持续稳定增收。

三、健全基层组织，提升社区治理水平

对安置区人口规模万人左右的，综合考虑区位、城乡统筹等因素，经省政府批准，在不增加乡镇建制的前提下，可适当调整周边乡镇行政区划，设立新的乡镇或街道。对安置区人口规模千人以上的，可结合实际设立一个或多个社区居民委员会，由所在乡镇（街道）管理。对安置区人口规模不足千人的，可成立新的居民小组，纳入当地村（社区）管理。

四、加快复垦复绿，增强还款保障能力

县级人民政府作为复垦复绿工作的责任主体，因地制宜采取整理、复垦、复绿等方式，加快推进剩余旧村址土地复垦复绿工作。搬迁群众搬离旧村后，县级人民政府迅速组织开展旧村址拆除工作，拆除的旧村址土地原则上应优先复垦为耕地，加快推进节余指标流转。

五、加快产权办理，保障搬迁群众权益

认真落实国家有关要求，根据安置住房土地性质和取得方式、安置方式，依法依规办理不动产登记。县级易地扶贫搬迁主管部门或乡（镇、街道）、建设单位等统一向登记机构提出登记申请，统一组织填写不动产登记申请书，统一提交材料，登记机

构一次受理、集中办理。对易地扶贫搬迁保障性住房办理产权登记的，一律不得收取不动产登记费。

六、完善配套设施，提升服务保障水平

按照"规模适宜、功能合理、经济安全、环境整洁、宜居宜业"的原则，进一步提升完善安置区水、电、路、气、通信网络、垃圾和污水处理等基础设施。对安置区周边配套公共服务设施进行摸排，对不能有效满足搬迁群众就学、就医和日常生活需求的，合理规划新（改扩）建一批教育、卫生、文化体育、商业网点等公共服务设施。统筹利用好安置区新配建和迁入地原有的学校、幼儿园、卫生室（所）等资源，持续开展搬迁群众户口迁移、子女入学手续办理、社保接续等工作。

七、坚持分类施策，防止返贫致贫

聚焦搬迁人口建立防止返贫逐级监测和帮扶机制，加强对大病重病患者、重度残疾人、留守儿童和困境儿童、困难老人等特殊群体的监测，通过行业部门筛查预警、乡村干部走访、农户主动申报等途径，准确及时确定监测对象。加强监测对象帮扶，对脱贫不稳定户继续落实现有脱贫攻坚帮扶政策，对边缘易致贫户及时给予扶贫小额信贷支持，加强技能培训，优先组织务工就业，统筹利用公益岗位等渠道安排就业；对无劳动能力的监测对象，进一步强化社会保障措施，确保应保尽保。鼓励各市县政府筹措社会帮扶资金，为监测对象购买防贫保险，及时化解生产生活风险。

【案例链接】

湖南省怀化市出台举措做好搬迁后续扶持工作

2021年3月上旬，湖南省怀化市推出5项新举措，着力推进易地扶贫搬迁成果与全面实施乡村振兴战略精准对接，积极做好搬迁后续扶持各项工作，确保怀化市25 796户103 904名搬迁脱贫群众，在"十四五"期间真正"稳得住、有就业、逐步能致富"。

1. 调整组建新机构

将"怀化市易地扶贫搬迁工作联席会议"调整更新为"怀化市易地扶贫搬迁后续帮扶工作联席会议"，同时调整内设机构，并要求各县市区易地扶贫搬迁后续帮扶工作机构作出相应调整。

2. 稳定优化新队伍

加强组织建设、思想建设和作风建设，锻造一支团结奋进、思想过硬、作风严谨、敢打硬仗的易地扶贫搬迁后续帮扶工作队伍。强化后续帮扶队伍培训，成立"怀化市易地扶贫搬迁后续帮扶志愿者服务队"。

3. 科学编制新规划

精心编制《怀化市"十四五"易地扶贫搬迁后续帮扶工作规划》和《2021年怀化市易地扶贫搬迁后续帮扶工作计划》，精准指导全市各级各部门做好"十四五"期间队伍建设、后续管理、就业帮扶、产业发展、示范带动、典型培养等各项后续帮扶工作。

4. 精准创建新机制

建立健全易地搬迁后续扶持与乡村振兴有效衔接机制；建立健全易地搬迁防止返贫监测帮扶机制；建立健全易地搬迁后续扶

持政策落实机制；建立健全易地搬迁后续扶持跟踪督查机制；建立健全易地搬迁后续扶持监督考核机制。

5. 全力打造新样板

组织开展易地扶贫搬迁"集中安置综合示范区"和"后续帮扶示范区（户）"创建活动，实施重点样板打造工程。

（摘编自华声在线）

第五节　加强扶贫项目资产管理和监督

扶贫资产包括使用财政专项扶贫资金、统筹整合财政资金、易地扶贫搬迁资金、用于脱贫攻坚地方政府债务资金、行业帮扶资金、金融扶贫资金、社会帮扶资金等投入扶贫领域形成的基础设施、产业项目（资产收益）以及易地扶贫搬迁类资产等。这些资产分散在各部门、各镇村，并没有统一的部门进行管理，导致管理混乱，重建设轻管护的现象普遍存在。在巩固脱贫攻坚与乡村振兴衔接的过渡期，这些扶贫资产由谁管、如何管，应建立扶贫资产管理制度，切实防范扶贫资产闲置、流失等现象发生，让扶贫资产在乡村振兴中继续发挥作用。

一、摸清资产底数，明确资产权属

尽快组织实施对各类扶贫投入形成资产的彻底清查，界定资产范围、类型，明确资金来源，厘清产权归属，分类、分项、分年度登记资产明细，全面建立扶贫资产动态监管台账，确保各级各类扶贫项目投入形成的资产产权清晰、责任明确。

二、统筹管理职能，明确管理部门

脱贫攻坚是各级党委政府主抓的头等大事和第一民生工程，

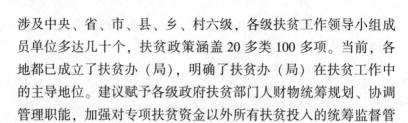

涉及中央、省、市、县、乡、村六级，各级扶贫工作领导小组成员单位多达几十个，扶贫政策涵盖20多类100多项。当前，各地都已成立了扶贫办（局），明确了扶贫办（局）在扶贫工作中的主导地位。建议赋予各级政府扶贫部门人财物统筹规划、协调管理职能，加强对专项扶贫资金以外所有扶贫投入的统筹监督管理，进一步明确职责，清晰定位，做好扶贫工作长远发展规划。

三、健全资产报告制度，明确权利义务关系

对各级财政资金投入形成的扶贫资产应由县级扶贫办承担资产报告主体责任，乡、村两级建立扶贫资产管理台账，承担日常管理和监督责任，确保各级财政投入形成的扶贫资产列入政府资产监管范围。对于社会资金投入的产业或其他项目形成的资本和各类实物资产，应由资金投入主体与项目承接平台签订协议，或以公司章程等法律形式明确权利义务关系，保障市场主体投资利益回报。对扶贫资产的转让、拍卖、置换、报损、报废等处置，要按照国有资产及农村集体资产管理的有关规定，进行资产评估并履行相应的报批手续。

四、加强后续管理维护，明确各环节责任

建立健全相关资产后续管护制度，按照"所有权与监管权相统一，收益权与管护权相结合"的原则，明确保管、使用和维护各环节责任，规范台账管理、运行管理、维护管理和处置管理。对于各级财政投入形成的资产，由县级扶贫部门将日常管理维护支出列入年度经费预算，确保扶贫资产日常管理和运营维护，增强扶贫部门责任，明确经费保障来源。对于社会帮扶单位投入形成的资产，县级扶贫部门应形成与产权单位、管理使用者相对接

的三方管理协议，明确扶贫资产日常管理和维护的各方权利义务，确保扶贫投入形成的资产管理规范，责权清晰。

五、盘活用好扶贫资产，明确资产收益分配

进一步完善扶贫资产运营、收益分配和处置等相关管理制度，坚持市场导向，积极对接相关经营主体，通过股份合作、业务托管、合作经营及改制重组等方式，提升资产运营管理水平和盈利能力，确保扶贫资产安全运行、保值增值。扶贫资产收益分配使用方案，应由村集体研究后提出，并经村、镇、县三级审核通过后实施。扶贫资产收益主要用于帮扶老弱病残等缺乏劳动能力的贫困人口，如有节余也可用于发展壮大村级集体经济及公益事业等。

【案例链接】

鞍山市"三个强化"规范扶贫项目资产管理

为防止扶贫资金损失浪费、资产闲置和流失，作为辽宁省率先开展扶贫项目资产管理工作的地区，鞍山市将创新模式，通过"三个强化"进一步规范扶贫项目资产管理，深化扶贫项目资产效益发挥，完善收益分配和监督处置机制，保证资产收益主要用于脱贫人口稳定脱贫和防止返贫，扎实做好巩固拓展脱贫攻坚成果同乡村振兴有效衔接。

1. 强化统筹谋划，完善利益联结机制

鞍山市将积极推行"龙头企业+合作社+基地+农户""政府+银行+农户""农户互助合作"等七大创新模式，根据农户的自身条件和需求，因户合理选择相应的利益联结纽带，完善股份联结、订单联结、劳务联结、租赁联结等机制，力促脱贫农户与

新型农业经营主体、村集体经济等同步增收。其中，对有劳动能力且愿意参与产业发展的脱贫人口，以提供村级公益岗位、优先安排到村集体产业项目务工等方式巩固其收入；对无劳动能力的脱贫人口中收入核算有返贫风险的给予兜底保障。此外，在确保脱贫人口稳定脱贫和无返贫风险的基础上，资产收益将用于解决相对贫困等问题。

2. 强化资产管理，建立资产台账

鞍山市将继续聘请有资质的第三方专业机构对2016年度至2020年度专项扶贫发展资金及形成的项目资产进行全面清查核资、认证确权，指导各地建立公益类、经营类和到户类"三本台账"，构建资产家底清晰、产权归属明晰、类型界定科学、管护职责明确、运行管理规范的扶贫项目资产管理制度。同时，筹措资金，建立集体资产"三资"管理平台，将2016年度至2020年度各级各类投入资金建设的扶贫产业项目资产统一纳入平台管理。

3. 强化日常监管，明确管护责任

目前，鞍山市已形成县级行业主管部门履行监管责任、乡镇履行指导责任、村级负责日常管理的"三级日常管护"模式。2021年，将研究制订《扶贫项目资产后续管理工作实施办法》及细则，进一步明确资产范围、资产权属、项目运营管护、资产收益分配基本原则、明确管护责任等。同时，各级审计部门将把扶贫资产纳入审计范围，防止出现扶贫资产流失、变卖或者人为损坏等情况。

（摘编自鞍山市人民政府网）

第三章 做好脱贫地区有效
衔接的重点工作

第一节 支持脱贫地区乡村特色产业发展壮大

发展产业是实现脱贫的根本之策，产业兴旺是乡村振兴的物质基础。实现巩固拓展脱贫攻坚成果同乡村振兴有效衔接，发展壮大乡村特色产业至关重要。

一、尊重市场规律和产业发展规律

发展壮大产业，要充分发挥市场作用、走市场化道路，要按照产业发展规律科学做好产业布局。

（一）立足当地实际，理性发展产业

产业是脱贫的基石。脱贫攻坚时期，由于自然条件差，贫困地区发展产业的难度很大。因此，贫困地区想方设法发展产业。在具体实施中，有些想法成功了，有些想法失败了。总结原因，成功的想法大都切合当地实际，失败的想法大都脱离实际，其中有一些想法盲目"赶时髦"，导致产业昙花一现，打了水漂。同样，在巩固提升期，脱贫地区也不能盲目"抢风口"，而是要立足当地实际，理性发展产业。

（二）聚焦主导产业，持续集中发力

目前，经过不断探索，贫困地区普遍找到并形成了主导产业，在脱贫攻坚中发挥了关键作用。可以说，这些产业都是经过市场考验的好产业，有些产业甚至成为产品畅销全国的优势特色产业。进入巩固提升期，脱贫地区要着眼于消费者需求提升产业质量，条件允许的地方要继续扩大产业规模，强化科技应用，让优势更优、特色更特、品牌更响、产业链更长，从而让群众收入有稳定保障。

（三）未雨绸缪，建设好接续产业

贫困地区自然条件差，脱贫攻坚时期，在现代科技的助力下，一些条件得到很大改善，但气候、土壤、水资源等条件难以得到根本性改变。进入巩固提升期，不能竭泽而渔，要对一些产业进行相应调整，如实行轮耕轮牧，让土地得到休息，找准接续产业，实现可持续发展，从而持续不断提高群众收入。例如，宁夏中卫香山硒砂瓜是全国驰名商标，让香山地区数万人顺利脱贫。由于该地区生态承载能力有限，近年来，中卫市未雨绸缪，探索接续产业。2021 年中卫市压缩硒砂瓜种植规模，在该地区种植了 5 000 亩（1 亩 ≈ 667 平方米）富硒黑小麦，休耕轮作，力争实现"老产业缩规提质，新产业接续增收"。

二、发展壮大产业

（一）充分体现地方特色

发展壮大产业，要懂地气、接地气。比如以脱贫县为单位规划发展乡村特色产业、实施特色种养业提升行动，有利于产业后期发展培育。

（二）构建发展壮大产业的良好环境

加快脱贫地区农产品和食品仓储保鲜、冷链物流设施建设，支持农产品流通企业、电商、批发市场与区域特色产业精准对接。现代农业产业园、科技园、产业融合发展示范园继续优先支持脱贫县。

【案例链接】

我国各地产业发展扶持政策举措

近年来，我国贫困地区因地制宜发展产业，许多贫困乡村实现了特色产业"从无到有"的历史跨越，全国每个贫困县都形成了2~3个扶贫主导产业。

2021年，各地将结合当地产业特点推进三产融合发展。如海南省提出，以乡村产业促进农民增收，提高农业质量效益，推动农旅、农商融合；云南省明确加快发展乡村产业，建设现代农业产业强镇和"一村一品"专业村，发展林下经济；贵州省计划推动农村一二三产业融合发展，实施农产品加工业提升行动和品牌培育行动，大力培育省级以上农业龙头企业和省级示范合作社，加强农产品储藏、清洗、分拣、烘干、保鲜、包装等能力建设，大力发展农产品初加工、精深加工和综合利用加工，农产品加工转换率提高到55%，认证一批特色农产品品牌，发展农村电商、冷链物流，建设一批农产品集散中心。

作为农业大省，吉林省在政府工作报告中提出，加快培育壮大农产品加工和食品工业等十大产业集群。立足当地农业资源优势，发展现代乡村产业，推动农村一二三产业融合。着力打造玉米水稻、杂粮杂豆（油料作物）、生猪、肉牛肉羊、禽蛋、乳品、人参（中药材）、梅花鹿、果蔬、林特（食用菌、林蛙、矿泉水等）十大产业集群，推进全产业链发展。在产粮大县重点布局一批加工项目，把增值收益和就业岗位尽量留在当地、留给农民。实施重大项目引进行动，搭建大平台，以商招商，建设一批加工园区。坚持品牌强农战略，实施品牌引领和提升工程，大力培育全国叫得响、市场信得过的"吉字号"区域公用品牌、企业品牌和产品品牌。实施产业兴村强县项目，推广"一村一品""一乡一业""一县一特"。

山西省将开展第一产业高质量发展行动作为 2021 年的重点任务，提出深化三大省级战略和五大平台建设。持续壮大农产品精深加工十大产业集群，成立优势集群产业联盟。加快黄花、药茶产业提质升级，打造食用菌全产业链。建设杂粮、中药材、干鲜果、设施蔬菜、马铃薯等特优种养基地。培育新型农业经营主体，力争省级龙头企业达到 500 家。积极申报云州区国家现代农业产业园，打造忻州"中国杂粮之都"产业融合园区。加强种质资源保护利用，筹建特色杂粮种质创新与分子育种国家重点实验室，打造种业产业。

2021 年，辽宁省将继续壮大乡村产业，加强种源保护和种业技术攻关，抓好水稻、玉米、蔬菜实用技术开发。改造大中型灌区，加固病险水库，建设农田水利工程。抓好生猪等畜产品生产。大力发展县域经济，推进农村三产融合，建设一批经济强县、产业强镇。精致发展农产品加工业，努力成为有余粮省份，夯实农业大省地位。

（摘编自中国健康产业网）

三、加快推动农业品牌建设

品牌化是农业现代化的重要标志。近年来，在社会各方的大力帮扶下，贫困地区优势特色产业迅猛发展，质量不断提升，诞生了一大批农业品牌，有的甚至成为金字招牌。这些品牌畅销区域乃至全国市场，在脱贫攻坚中发挥了强劲的带动作用。在巩固拓展脱贫攻坚成果和乡村振兴的衔接期，应重点支持脱贫地区培育绿色食品、有机农产品、地理标志农产品，加快推动农业品牌建设。

（一）坚持培优品种，打造优质品牌

农业现代化，种子是基础；打造农业品牌，同样必须依靠科技力量，打好"种业翻身仗"，加强农业种质资源保护开发利用，发掘优异种质资源，提纯复壮特色品种，尊重科学、严格监管，有序推进生物育种产业化应用，为打造农业品牌奠定基础。

持续强化科技对壮大特色农业产业的支撑，持续优化种植技术，加强农产品质量监管，提升农产品品质。只有不断提升农产品品质，持续提升品质稳定性和满意度，才能为品牌打造提供"硬核"产品，使品牌更具有市场竞争力和影响力。

（二）把好质量关，保护好品牌

品牌是产品的标签和质量保证，优秀品牌在市场上有很高的认可度，卖得好、价格高，脱贫产品也不例外。因此，一定要保护好已形成的品牌。要在产业规模上保持适度，关键在提升产品质量上下功夫。可以说，守好脱贫产业已形成的优秀品牌，实现优质优价，就能实现产业的可持续发展和农民增收的连贯性，进而巩固脱贫成果。

（三）学习新技术，打好升级牌

农业的出路在现代化，科技在脱贫攻坚中发挥了极为关键的作用。进入巩固提升期，更要注意学习新技术，不断对脱贫产业进行升级，以保持产业的鲜明特色和比较优势，不断提高质量和效益。如在宁夏盐池县，前两年脱贫后继续加大对滩羊产业的改进，联合科研院所制定盐池滩羊商品羊判定标准，全面开展滩羊产业综合技术示范推广，引导养殖户开展精细化饲养，有效降低

了成本、增加了效益。

总之，品牌建设是提升农业价值链的关键一环，也是带动乡村产业发展的根本抓手。必须加快推动农业质量变革、效率变革、动力变革，引领品牌农业发展阔步前进，让农业加快从"卖产品"转向"卖品牌"，推动农业转型升级、提质增效。

四、大力实施消费帮扶

消费帮扶，一头连着乡村，一头连着广阔市场，通过运用市场机制，动员社会力量有效参与到乡村振兴过程中，同时找到消费帮扶的利益连接点，让广大农民获得"销售的渠道"，让广大消费者获得"有品质保证"的产品，需要政府、市场两只手协同发力，既发挥体制优势，更尊重市场规律。

（一）要在共赢中谋求长远

按照市场经济原则，买卖双方能够实现互利共赢，消费帮扶才能可持续发展，进而推动消费潜力转变为乡村振兴的动力。需要结合深化东西部协作和定点帮扶工作，广泛动员社会和企业投身参与，共同发力、形成合力，紧盯技术、设施、营销等方面的短板，做好补差增强的文章，促进农业、旅游、文化等产业融合发展，做大做强乡村地区产业。同时，必须牢固树立诚信原则，品质为先，让特色产品绿色安全，让乡村文化旅游远离各种乱象，推动树立良好口碑、形成多方共赢的良好态势，释放巨大的农村消费和投资需求。

（二）要注重发挥制度优势

消费帮扶，就是政府部门在乡村地区和消费市场之间建立畅通的供需渠道，既满足单位或个人的消费需求，也帮助乡村地区群众增收致富。需要认真汲取前期脱贫攻坚的宝贵经验，实现巩固拓展脱贫攻坚成果同乡村振兴有效衔接，在生产、流通、消费各环节打通制约消费帮扶的痛点、难点和堵点，让乡村地区的产品真正流动起来。充分发挥集中力量办大事的制度优势，打造高效畅通的产品供应链，实现农产品从田间到餐桌的全链条联动；整合产地物流设施资源，降低乡村地区产品的物流成本；不断提高乡村地区网络使用率，促进"电商+农产品"商业模式形成规模，进而推动乡村地区产品和服务融入全国大市场，为消费帮扶打下坚实的市场基础。

（三）要牢固树立品牌意识

消费帮扶不能只"输血"，必须培养"造血"机能，方能走得长远。要集思广益做大做强产品，全力打好"优"字牌，积极运用互联网，将乡村地区特色产品推向市场前沿，结合深化东西部协作和定点帮扶工作，让东部地区的品牌资源与西部地区的优势产品对接起来，整合优势资源创好品牌。加快农产品标准化体系建设，建立健全质量把控机制和优质产品遴选机制，严把出口关，真正做到以产品的质量和特色形成持续的消费效应。同时，积极利用传统媒体和微博、微信、移动客户端等新媒体平台，加大对乡村地区特色品牌产品的展示和宣传推介，提升市场知名度和品牌效益，激发社会各界参与消费帮扶的积极性。

第二节 促进脱贫人口稳定就业

就业是最大的民生，是贫困人口摆脱贫困最直接、最有效、最可持续的办法，是巩固脱贫攻坚成果的基本措施。因此，要努力为贫困人口提供稳定就业机会，帮助贫困人口摆脱贫困、实现自我价值、创造社会价值，确保完成决战决胜脱贫攻坚目标任务，全面建成小康社会。人社部等五部门印发《关于切实加强就业帮扶巩固拓展脱贫攻坚成果助力乡村振兴的指导意见》，为促进脱贫人口稳定就业提出了路径和思路。

一、稳定外出务工规模

（一）推进劳务输出

健全有组织劳务输出工作机制，将脱贫人口作为优先保障对象，为有集中外出务工需求的提供便利出行服务。认定一批农村劳动力转移就业工作示范县，发挥示范带动作用。更好发挥就业帮扶基地、爱心企业作用，鼓励各类市场主体为脱贫人口提供更多就业和培训机会。对面向脱贫人口开展有组织劳务输出的人力资源服务机构、劳务经纪人，按规定给予就业创业服务补助。按规定对跨省就业的脱贫人口适当安排一次性交通补助，由衔接推进乡村振兴补助资金列支。有条件地区可对吸纳脱贫人口就业数量多、成效好的就业帮扶基地，按规定给予一次性奖补。

（二）促进稳定就业

指导企业与脱贫人口依法签订并履行劳动合同、参加社会保险、按时足额发放劳动报酬，积极改善劳动条件，健全常态化驻企联络协调机制。落实失业保险稳岗返还、培训补贴等政策，引导支持优先留用脱贫人口。对符合条件的吸纳脱贫人口就业的企业，按规定落实社会保险补贴、创业担保贷款及贴息等政策。对失业脱贫人口优先提供转岗服务，帮助他们尽快在当地实现再就业。

（三）强化劳务协作

充分发挥对口帮扶机制作用，搭建完善用工信息对接平台，推广使用就业帮扶直通车，建立常态化的跨区域岗位信息共享和发布机制。输出地要形成本地区就业需求清单，做好有组织输出工作，在外出较集中地区设立劳务工作站，同步加强省内劳务协作。输入地要形成本地区岗位供给清单，吸纳更多农村低收入人口到本地就业。对吸纳对口帮扶地区脱贫人口就业成效明显的企业，可通过东西部协作机制安排的资金给予支持。

（四）培树劳务品牌

结合本地区资源禀赋、文化特色、产业基础等优势，培育、创建、发展一批有特色、有口碑、有规模的劳务品牌，借助品牌效应扩大劳务输出规模，提高劳务输出质量。坚持技能化开发、市场化运作、组织化输出、产业化打造，制订专门工作计划，确定输出规模和输出质量目标，将脱贫人口作为重点输出对象。

二、支持就地就近就业

（一）支持产业发展促进就业

支持脱贫地区大力发展县域经济，建设一批卫星城镇，发展一批当地优势特色产业项目，提高就业承载力。依托乡村特色优势资源，发展壮大乡村特色产业，打造农业全产业链，鼓励发展家庭农场、农民专业合作社，增加就业岗位。加强乡村公共基础设施建设，在脱贫地区重点建设一批区域性和跨区域重大基础设施工程，在农业农村基础设施建设领域积极推广以工代赈方式，最大幅度地提高劳务报酬发放比例，带动更多脱贫人口等农村低收入群体参与乡村建设，充分发挥以工代赈促进就业作用。在农村人居环境整治提升五年行动和提升农村基本公共服务水平过程中，优先安排脱贫人口从事相关工作。

（二）发展就业帮扶车间等就业载体

继续发挥就业帮扶车间、社区工厂、卫星工厂等就业载体作用，在脱贫地区创造更多就地就近就业机会。拓展丰富载体功能，打造集工作车间、公共就业服务中心、公共活动场所等功能为一体的综合性服务机构。延续支持就业帮扶车间等各类就业载体的费用减免以及地方实施的各项优惠政策。对企业、就业帮扶车间等各类生产经营主体吸纳脱贫人口（已享受过以工代训职业培训补贴政策人员除外）就业并开展以工代训的，根据吸纳人数给予最长不超过 6 个月的职业培训补贴，政策执行时间至 2021 年底。

（三）鼓励返乡入乡创业

引导农民工等人员返乡入乡创业、乡村能人就地创业，帮助有条件的脱贫人口自主创业，按规定落实税费减免、场地安排、创业担保贷款及贴息、一次性创业补贴和创业培训等政策支持。加强返乡创业载体建设，充分利用现有园区等资源在脱贫地区建设一批返乡入乡创业园、创业孵化基地，有条件的地方可根据入驻实体数量、孵化效果和带动就业成效给予创业孵化基地奖补。支持各地设立一批特色鲜明、带动就业作用明显的非遗扶贫就业工坊。

（四）扶持多渠道灵活就业

鼓励脱贫地区发展"小店经济""夜市经济"，支持脱贫人口在县域城镇地区从事个体经营，创办投资小、见效快、易转型、风险小的小规模经济实体，支持脱贫人口通过非全日制、新就业形态等多种形式灵活就业，按照有关规定给予税费减免、场地支持、社会保险补贴等政策。设立一批劳务市场或零工市场，探索组建国有劳务公司，为脱贫人口提供更多家门口的就业机会。因地制宜引进一批特色产业，引导脱贫人口居家从事传统手工艺制作、来料加工。

（五）用好乡村公益性岗位

保持乡村公益性岗位规模总体稳定，加大各类岗位统筹使用力度，优先安置符合条件的脱贫人口特别是其中的弱劳力、半劳力，动态调整安置对象条件。健全"按需设岗、以岗聘任、在岗领补、有序退岗"管理机制，进一步规范乡村公益性岗位开发管理，及时纠正并查处安置不符合条件人员、违规发放补贴等行为。加强岗位统筹管理，保持同一区域内类似岗位间聘任标准、待遇保障水平等基本统一。对乡村公益性岗位安置人员按规定给予岗位补贴，购买意外伤害商业保险，依法签订劳动合同或劳务协议，每次签订期限不超过1年。

三、健全就业帮扶长效机制

（一）优化提升就业服务

依托全国扶贫开发信息系统对脱贫人口、农村低收入人口、易地扶贫搬迁群众等重点人群就业状态分类实施动态监测，加强大数据比对分析和部门信息共享，完善基层主动发现预警机制，对就业转失业的及时提供职业指导、职业介绍等服务。动态调整就业困难人员认定标准，将符合条件的脱贫人口、农村低收入人口纳入就业援助对象范围。推进公共就业服务向乡村地区延伸，把就业服务功能作为村级综合服务设施建设工程重要内容，将公共就业服务纳入政府购买服务指导性目录，支持经营性人力资源服务机构、社会组织提供专业化服务。扩大失业保险保障范围，支持脱贫人口、农村低收入人口更好就业创业。

（二）精准实施技能提升

实施欠发达地区劳动力职业技能提升工程，加大脱贫人口、农村低收入人口职业技能培训力度，在培训期间按规定给予生活费补贴。支持脱贫地区、乡村振兴重点帮扶县建设一批培训基地和技工院校。继续实施"雨露计划",按规定给予相应补助。扩大技工院校招生和职业培训规模,支持脱贫户、农村低收入人口所在家庭"两后生"就读技工院校,按规定享受国家免学费和奖助学金政策。定期举办全国乡村振兴技能大赛,打造一批靠技能就业、靠就业致富的先进典型,激发劳动致富内生动力。

(三)倾斜支持重点地区

将乡村振兴重点帮扶县、易地扶贫搬迁安置区作为重点地区,积极引进适合当地群众就业需求的劳动密集型、生态友好型项目或企业,扩大当地就业机会,组织专项就业服务活动实施集中帮扶。完善易地扶贫搬迁安置区按比例安排就业机制,政府投资建设项目、以工代赈项目、基层社会管理和公共服务项目要安排一定比例的岗位用于吸纳搬迁群众就业。支持乡村振兴重点帮扶县根据巩固拓展脱贫攻坚成果需要,适当加大乡村公益性岗位开发力度。鼓励乡村振兴重点帮扶县立足本地人力资源和传统文化优势,努力打造"一县一品"区域劳务品牌。

【案例链接】

就业扶贫精准拔"穷根"

一人就业,全家脱贫。脱贫攻坚以来,湖南省深入推进就业扶贫,逐步建立起"1143"就业扶贫工作机制,全省外出务工贫困劳动力达 232.48 万人。

"1143"工作机制是指:1 套组织领导推进机制+1 个综合信息服务平台+精准识别、精准对接、精准稳岗、精准服务 4 个关键环节+任务清单、稳岗清单、责任清单 3 个清单。这是湖南省在脱贫攻坚中探索形成的可复制、可推广的就业扶贫模式。

1. 精准对接，有序就业

湖南省依托劳务协作脱贫综合信息服务平台，建立全省贫困劳动力大数据库，2020 年以来为贫困劳动力短信推荐岗位 4 691.9 万条。去年疫情防控期间，湖南省推出"湘就业"等平台，建立"765"重点企业联系制度，下派招工小分队赴贫困地区招工，精心组织"点对点、一站式"返岗直达专车专列，疫情期间共帮助 9.5 万名贫困劳动力复工。

2. 多渠道开发岗位

湖南省与广东省、福建省、浙江省等地签订劳务协作协议，建立 876 个劳务协作对接机制。全省就业扶贫车间超 5 000 家，建成就业扶贫基地 1 174 个，开发公益性岗位兜底安置贫困人口就业 15.71 万人。大力开展"311"就业服务，强化农村劳务经纪人队伍建设，落实落细扶持政策专门服务。2017 年以来，全省就业扶贫补贴资金达 18.08 亿元。

3. 多层次开展培训

加强贫困地区职业能力建设，湖南省在 51 个贫困县认定职业技能培训机构 160 家、创业培训定点机构 85 家、职业技能鉴定所 58 个，对贫困劳动力开展全方位培训。将贫困劳动力、贫困家庭子女和"两后生"职业技能培训纳入职业技能提升行动，按照"输出有订单、计划到名单、培训列菜单、政府来结单"的"四单"模式，将符合条件的贫困劳动力纳入职业培训补贴范围，提高贫困劳动力就业竞争力和就业稳定性。

（摘编自《湖南日报》）

第三节　持续改善脱贫地区基础设施条件

贫困地区要脱贫致富，改善交通等基础设施条件非常重要。

在巩固脱贫攻坚成果与乡村振兴有效衔接的过渡期，要继续加大对脱贫地区基础设施建设的支持力度，重点谋划建设一批高速公路、客货共线铁路、水利、电力、机场、通信网络等区域性和跨区域重大基础设施建设工程。

一、改善农村人居环境

按照实施乡村建设行动统一部署，支持脱贫地区因地制宜推进农村厕所革命、生活垃圾和污水治理、村容村貌提升。

分类有序推进农村厕所革命，加快研发干旱、寒冷地区卫生厕所适用技术和产品，加强中西部地区农村户用厕所改造。统筹农村改厕和污水、黑臭水体治理，因地制宜建设污水处理设施。健全农村生活垃圾收运处置体系，推进源头分类减量、资源化处理利用，建设一批有机废弃物综合处置利用设施。健全农村人居环境设施管护机制。有条件的地区推广城乡环卫一体化第三方治理。深入推进村庄清洁和绿化行动。开展美丽宜居村庄和美丽庭院示范创建活动。

二、改善交通物流设施条件

推进脱贫县"四好农村路"建设，推动交通项目更多向进村入户倾斜，因地制宜推进较大人口规模自然村（组）通硬化路，加强通村公路和村内主干道连接，加大农村产业路、旅游路建设力度。深化农村公路管理养护体制改革，健全管理养护长效机制，完善安全防护设施，保障农村地区基本出行条件。推动城市公共交通线路向城市周边延伸，鼓励发展镇村公交，实现具备条件的建制村全部通客车。加大对革命老区、民族地区、边疆地区、贫困地区铁路公益性运输的支持力度，继续开好"慢火车"。加快构建农村物流基础设施骨干网络，鼓励商贸、邮政、快递、供销、运输等企业加大在农村地区的设施网络布局，统筹推进脱贫地区县乡村三级物流体系建设，实施"快递进村"工程。

三、加强水利基础设施网络建设

构建大中小微结合、骨干和田间衔接、长期发挥效益的农村水利基础设施网络，着力提高节水供水和防洪减灾能力。加强脱贫地区农村防洪、灌溉等中小型水利工程建设。科学有序推进重大水利工程建设，加强灾后水利薄弱环节建设，统筹推进中小型水源工程和抗旱应急能力建设。巩固提升农村饮水安全保障水平，开展大中型灌区续建配套节水改造与现代化建设，有序新建一批节水型、生态型灌区，实施大中型灌排泵站更新改造。推进小型农田水利设施达标提质，实施水系连通和河塘清淤整治等工程建设。推进智慧水利建设。深化农村水利工程产权制度与管理体制改革，健全基层水利服务体系，促进工程长期良性运行。

四、建好电力基础设施

电力供应是改善农民生产生活、助推农业农村发展、加快实现农村现代化的重要保障。在巩固脱贫攻坚成果与乡村振兴衔接的过渡期，应支持脱贫地区电网建设和乡村电气化提升工程实施。

在推动电网智能化转型发展方面，加强电网标准化建设，推动网架结构和装备水平升级，提升供电可靠性；在促进农村能源清洁生产方面，助推当地政府合理制定本区域分布式能源发展规划，支持农村地区分布式光伏、分散式风电、生物质发电等新能源发展，积极助力农村地区节能减排；在推动农业生产电气化方面，服务藏粮于地、藏粮于技，加快推进高标准农田等配套电力设施建设；在促进乡村产业电气化方面，推进电气化升级，推广新技术应用，服务农村新业态，推动建设全电景（街）区、全电民宿等精品工程；在降低农村用电成本方面，降低农村客户接电成本；在实施农村电网巩固提升工程方面，持续完善脱贫摘帽地区、相对贫困地区、革命老区农村电网，加快解决西藏自治区、新疆维吾尔自治区和四川省等地部分县域电网和主网联系薄弱问题，加强新上跨区域电网建设，有效支撑产业扶贫、易地扶贫搬迁后续扶持等重点项目，提升巩固拓展脱贫攻坚成果电网支撑能力。

五、夯实信息化基础

深化电信普遍服务，加快农村地区宽带网络和第五代移动通信网络覆盖步伐。实施新一代信息基础设施建设工程。实施数字乡村战略，加快物联网、地理信息、智能设备等现代信息技术与农村生产生活的全面深度融合，深化农业农村大数据创新应用，推广远程教育、远程医疗、金融服务进村等信息服务，建立空间化、智能化的新型农村统计信息系统。在乡村信息化基础设施建设过程中，同步规划、同步建设、同步实施网络安全工作。

【案例链接】

重庆市酉阳土家族苗族自治县持续改善贫困地区稳定脱贫基础条件

一是交通基础设施条件极大改善，启动实施"四好农村路"4 195千米，行政村通畅率和通客车率实现100%，村民小组通达实现100%，实施国省干道公路改造、重要联网路、旅游路项目498.8千米，全县干道公路更加畅通。

二是农村信息基础设施建设空前提升，累计投资基站建设5亿元，物理站址达1 247个，4G基站达3 200个，20户以上村民聚居点4G信号实现全覆盖，手机用户累计达54万户，宽带端口累计达44万个、用户15.3万户。

三是电力扶贫改善贫困地区生活条件取得实效，累计投入输配电网建设改造资金51 484.39万元，完成了车田、浪坪2个深度贫困乡、130余个重点贫困村和81个小城镇（中心村）电网改造升级，解决了重庆市划定的100个高山移民区的电力供应。

（摘编自《潇湘晨报》）

第四节　提升脱贫地区公共服务水平

一、全面提升农村教育水平

（一）改善义务教育办学条件

继续实施义务教育薄弱环节改善与能力提升工程，聚焦乡村振兴和新型城镇化，有序增加城镇学位供给，补齐基本办学条件短板，提升学校办学能力。加强边境地区学校建设。做好易地扶贫搬迁后续扶持工作，完善教育配套设施，保障适龄儿童少年义务教育就近入学。统筹义务教育学校布局结构调整工作，坚持因地制宜、实事求是，规模适度，有利于保障教育质量，促进学校布局建设与人口流动趋势相协调。支持设置乡镇寄宿制学校，保留并办好必要的乡村小规模学校。

（二）加大脱贫地区职业教育支持力度

加强脱贫地区职业院校（含技工院校）基础能力建设，支持建好办好中等职业学校，作为人力资源开发、农村劳动力转移培训、技术培训与推广、巩固拓展脱贫攻坚成果和高中阶段教育普及的重要基地。对于未设中等职业学校的乡村振兴重点帮扶县，因地制宜地通过新建中等职业学校、就近异地就读、普教开设职教班、东西协作招生等多种措施，满足适龄人口和劳动力接受职业教育和培训的需求。加强"双师型"教师队伍建设，结合当地经济社会发展需求，科学设置职业教育专业，提升服务能力和水平。推动职业院校发挥培训职能，与行业企业等开展合作，丰富培训资源和手段，广泛开展面向"三农"、面向乡村振兴的职业技能培训。

（三）建立健全农村家庭经济困难学生教育帮扶机制

1. 精准资助农村家庭经济困难学生

加强与民政、乡村振兴等部门的数据比对和信息共享，提高资助数据质量。不断优化学生资助管理信息系统功能，提升精准资助水平。进一步完善从学前教育到高等教育全学段的学生资助体系，保障农村家庭经济困难学生按规定享受资助，确保各学段学生资助政策落实到位。

2. 继续实施农村义务教育学生营养改善计划

进一步完善学生营养改善计划，加强资金使用管理，坚持以食堂供餐为主，提高学校食堂供餐比例和供餐能力，改善农村学生营养健康状况。推进原材料配送验收、入库出库、贮存保管、加工烹饪、餐食分发、学生就餐等环节全程视频监控。加强与市场监管、卫健、疾控等部门的合作，强化营养健康宣传教育、食品安全及学校食堂检查，确保供餐安全。

（四）加强乡村教师队伍建设

落实《教育部等六部门关于加强新时代乡村教师队伍建设的

意见》（教师〔2020〕5 号），继续实施农村义务教育阶段学校
教师特设岗位计划、中小学幼儿园教师国家级培训计划、乡村教
师生活补助政策，优先满足脱贫地区对高素质教师的补充需求，
提高乡村教师队伍整体素质。在脱贫地区增加公费师范生培养供
给，推进义务教育教师县管校聘改革，加强城乡教师合理流动和
对口支援，鼓励乡村教师提高学历层次。启动实施中西部欠发达
地区优秀教师定向培养计划，组织部属师范大学和省属师范院
校，定向培养一批优秀师资。加强对脱贫地区校长的培训，着力
提升管理水平。加强教师教育体系建设，建设一批国家师范教育
基地和教师教育改革实验区，推动师范教育高质量发展与巩固拓
展教育脱贫攻坚成果、实施乡村振兴相结合。深化人工智能助推
教师队伍建设试点。切实保障义务教育教师工资待遇。

二、改善医疗卫生基础条件

（一）提升农村地区经办管理服务能力

构建全国统一的医疗保障经办管理体系，重点加强农村地区
医保经办能力建设，大力推进服务下沉。全面实现参保人员市
（地）统筹区内基本医疗保险、大病保险、医疗救助"一站式"
服务。基本实现异地就医备案线上办理，稳步推进门诊费用跨省
直接结算工作。

（二）综合施措合力降低看病就医成本

推动药品招标采购工作制度化、常态化，确保国家组织高值
医用耗材集中采购落地。动态调整医保药品目录，建立医保医用
耗材准入制度。创新完善医保协议管理，持续推进支付方式改
革，配合卫生健康部门规范诊疗管理。有条件的地区可按协议约
定向医疗机构预付部分医保资金，缓解其资金运行压力。强化医

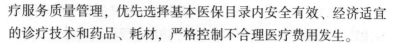

疗服务质量管理，优先选择基本医保目录内安全有效、经济适宜的诊疗技术和药品、耗材，严格控制不合理医疗费用发生。

（三）引导实施合理诊疗促进有序就医

继续保持基金监管高压态势，建立和完善医保智能监管子系统，完善举报奖励机制，切实压实市县监管责任，加大对诱导住院、虚假医疗、挂床住院等行为的打击力度。规范医疗服务行为，引导居民有序合理就医。全面落实异地就医就医地管理责任，优化异地就医结算管理服务。建立健全医保基金监督检查、信用管理、综合监管等制度，推动建立跨区域医保管理协作协查机制。

（四）补齐农村医疗卫生服务供给短板

农村低收入人口在省域内按规定转诊并在定点医疗机构就医，住院起付线连续计算，执行参保地同等待遇政策。将符合条件的"互联网+"诊疗服务纳入医保支付范围，提高优质医疗服务可及性。加强基层医疗卫生机构能力建设，探索对紧密型医疗联合体实行总额付费，加强监督考核。引导医疗卫生资源下沉，整体提升农村医疗卫生服务水平，促进城乡资源均衡配置。

三、提升住房等其他服务设施建设水平

（一）全面实现贫困人口住房安全有保障

随着党中央对农村危房改造政策支持力度不断加大，住房和城乡建设部坚决落实中央部署，会同有关部门将农村危房改造政策全面聚焦脱贫攻坚，中央资金补助对象聚焦建档立卡贫困户，同步将农村低保户、分散供养特困人员、贫困残疾人家庭等边缘贫困群体纳入支持保障范围，户均补助标准大幅提高。2013—2020 年，中央财政累计安排农村危房改造补助资金 2 077 亿元，

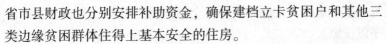

省市县财政也分别安排补助资金，确保建档立卡贫困户和其他三类边缘贫困群体住得上基本安全的住房。

同时，精准发力层层压实责任。脱贫攻坚农村危房改造工作严格执行"中央统筹、省负总责、市县抓落实"的责任机制，由各地先精准确定贫困人口，再对其住房进行安全性鉴定或评定，既确保贫困群众不漏一户、不落一人，也防止盲目扩大改造范围。

因地制宜降低农户负担。农村贫困群众自筹危房改造资金能力较弱。各地住房和城乡建设部门坚持因村因户因人精准施策，指导帮助贫困群众选择拆除重建或加固改造等合适的方式，大大降低贫困群众的建房负担。鼓励地方采用统建农村集体公租房或幸福大院、置换或长期租赁村内闲置农房等方式，兜底解决那些自筹资金和投工投劳能力极弱的特殊贫困群体住房安全问题。

另外，改进作风保障农户权益。住房和城乡建设部和财政部制定了严格的农村危房改造补助资金管理办法，实行专项管理、专账核算、专款专用，补助资金直接发放到农户"一卡通"账户。推动各地落实县级农村危房改造信息公开主体责任，实行危房改造任务分配结果和改造任务完成情况镇、村两级公开。在中央纪委国家监委的指导下，开展保障贫困户基本住房安全方面漠视侵害群众利益问题专项整治，及时解决群众反映问题，保障群众合法权益。

（二）农村危房改造需要持续推进并长期坚持

进入新发展阶段，"三农"工作重心已经历史性转移到全面推进乡村振兴上来。同时也要清醒地看到，脱贫群众的住房量大、面广、分散，要巩固好脱贫攻坚成果，持续保障每一户、每一个脱贫群众的住房安全，任务艰巨、责任重大。另外，还有一部分农村低收入人口的住房安全问题也需要在"十四五"期间予以保障。

要健全动态监测机制，坚持以实现农村低收入群体住房安全有保障为根本，建立农房定期体检制度，加强日常维修管护与监督管理。完善住房保障方式，对于自筹资金和投工投劳能力弱的特殊困难农户，继续鼓励各地乡镇政府或农村集体经济组织统一建设农村集体公租房和幸福大院、修缮加固现有闲置公房、置换或长期租赁村内闲置农房等方式，灵活解决其住房安全问题，避免农户因建房而返贫致贫。提升农房建设品质，加强现代农房设计，完善农房使用功能，整体提升农房居住功能和建筑风貌。提升建设管理水平，健全农房选址、设计审查、施工监管、竣工验收以及建筑企业和乡村建设工匠管理等全流程的农房建设管理服务体系。

第四章 健全农村低收入人口
常态化帮扶机制

第一节 加强农村低收入人口监测

一、建设低收入人口动态监测信息库

在监测范围上，以现有社会保障体系为基础，全面开展低收入家庭认定工作，以农村低保对象、农村特困人员、农村易返贫致贫人口，以及因病因灾因意外事故等刚性支出较大或收入大幅缩减导致基本生活出现严重困难人口为重点，建立动态更新的低收入人口信息库，加强监测预警，就是要在茫茫人海中把困难群众精准地找出来，根据他们困难的情况，针对性地给予相应帮扶和救助。

二、健全完善困难群众主动发现机制

在监测方式上，要充分利用民政、扶贫、教育、人力资源社会保障、住房城乡建设、医疗保障等政府部门现有数据平台，加强数据比对和信息共享，完善基层主动发现机制。把走访发现需要救助、需要帮扶的困难群众作为基层组织的重要工作内容，当然也包括大数据监测预警，推动救助理念从"被动救助"向"主动救助"转变。支持和引导社会力量参与主动发现，形成主

动救助合力。民政部已经陆续公布了全国各级 3 700 多个社会救助服务热线，确保困难群众求助渠道畅通，做到及时发现、及早介入、及时救助。

三、完善低收入人口监测预警工作机制

在完善工作机制上，要健全多部门信息共享、协同联动的风险预警、研判和处置机制，实现对低收入人口的信息汇聚、监测预警、精准救助；强化"大数据+网格化+铁脚板"机制在社会救助领域的运用，做到早发现、早介入、早救助。同时，根据各地具体实际，不断完善农村低收入人口定期核查和动态调整机制。

第二节　构建社会救助新格局

一、建立健全分层分类的社会救助体系

（一）构建综合救助格局

以增强社会救助及时性、有效性为目标，加快构建政府主导、社会参与、制度健全、政策衔接、兜底有力的综合救助格局。以基本生活救助、专项社会救助、急难社会救助为主体，社会力量参与为补充，建立健全分层分类的救助制度体系。完善体制机制，运用现代信息技术推进救助信息聚合、救助资源统筹、救助效率提升，实现精准救助、高效救助、温暖救助、智慧救助。

【案例链接】

浙江省：深化社会救助改革　有效衔接乡村振兴

近年来，浙江省积极推进新时代社会救助体系建设，在巩固

拓展兜底保障成果、有效衔接乡村振兴中彰显民政担当。

1. 分层分类，健全社会救助制度体系

2019 年，浙江省委省政府做出推进新时代大救助体系建设部署，全面推进"1+8+X"大救助体系建设。

目前，以信息系统为支撑，初步建立了由政府各救助部门和社会力量参与的大救助格局，构建起由 5 个层次 4 大类型组成的分层分类社会救助制度体系：救助对象上分为特困、低保、低保边缘、支出型贫困救助、临时救助等 5 个层次，功能作用上分为基本生活救助、专项社会救助、急难社会救助和补充性救助 4 大类型。对不同层次的救助对象，根据需求分别给予不同类型的救助。同时，建立健全精准识贫、主动发现、长效帮扶、诚信评价和探访关爱 5 项工作机制，确保体系建设落细落实。

2. 精准救助，统一认定救助与扶贫对象

2020 年，浙江省按照"识别标准统一、认定部门统一、对象管理统一、救助帮扶统筹"的思路，由民政部门统一负责低保对象、特困人员、低保边缘对象等困难人群的认定识别和动态调整，其中，农村地区低保、低保边缘、特困 3 类救助对象即为扶贫对象。民政部门牵头建立统一的信息系统和数据库，对救助对象进行动态管理，并与扶贫等部门进行大数据比对，确保对象认定精准。

3. 智慧救助，加速社会救助数字化改革

迭代升级大救助信息系统。整合原有省社会救助系统和核对系统，救助结果信息汇聚共享 6 部门 10 类，核对类信息涵盖 12 个部门 26 类和省内全部 73 家银行。

开展惠民联办。依托浙江政务服务网和大救助信息系统，实现"一证通办"，14 个社会救助事项"一件事"集成办理。

强化监测预警。医保部门推送大额医疗费用信息，系统预警提示给乡镇民政工作人员，主动发现因病致贫对象。自 2020 年系统上线以来，全省共预警 5.26 万人次。

发放幸福清单。将救助对象获得各项救助的结果汇总生成幸福清单，定期送达困难群众，教育引导困难群众感党恩、跟党走。

4. 转型发展，推动社会力量参与救助

适应新发展阶段需要，浙江省积极促进社会救助向"物质+服务"转型。

开展困难群众探访关爱。在乡镇（街道）一级全面建立困难群众探访关爱制度，前移兜底保障关口，当前，全省已对 56 万户对象常态化开展探访关爱。

打造社会救助品牌项目。指导省妇女儿童基金会连续 4 年开展"焕新乐园"项目，改善低保家庭儿童居住环境，累计帮扶 3 945 户。

探索"助联体"建设。在县级建立党委政府领导、民政部门牵头、政府救助部门和社会组织参与的救助服务联合体，实体化运作社会救助联席会议，整合线上线下服务，统筹社会救助资源，加强供需精准对接，更好服务困难群众。

（摘编自《中国社会报》）

（二）打造多层次救助体系

多层次救助体系包括 11 个方面。一是完善最低生活保障制度，科学认定农村低保对象，提高政策精准性。二是调整优化针对原建档立卡贫困户的低保"单人户"政策。三是完善低保家庭收入财产认定方法。四是健全低保标准制定和动态调整机制。五是加大低保标准制定省级统筹力度。六是鼓励有劳动能力的农村低保对象参与就业，在计算家庭收入时扣减必要的就业成本。七是完善农村特困人员救助供养制度，合理提高救助供养水平和服务质量。八是完善残疾儿童康复救助制度，提高救助服务质量。九是加强社会救助资源统筹，根据对象类型、困难程度等，及时有针对性地给予困难群众医疗、教育、住房、就业等专项救助，做到精准识别、应救尽救。十是对基本生活陷入暂时困难的群众加强临时救助，做到凡困必帮、有难必救。十一是鼓励通过政府购买服务对社会救助家庭中生活不能自理的老年人、未成年人、残疾人等提供必要的访视、照料服务。

（三）创新社会救助方式

积极发展服务类社会救助，形成"物质+服务"的救助方式。探索通过政府购买服务对社会救助家庭中生活不能自理的老年人、未成年人、残疾人等提供必要的访视、照料服务。加强专业社会工作服务，帮助救助对象构建家庭和社会支持网络。完善对重度残疾人、重病患者以及老年人、未成年人等特殊困难群体的救助政策，依据困难类型、困难程度实施类别化、差异化救助。

（四）促进城乡统筹发展

推进社会救助制度城乡统筹，加快实现城乡救助服务均等化。顺应农业转移人口市民化进程，及时对符合条件的农业转移人口提供相应救助帮扶。有条件的地区有序推进持有居住证人员在居住地申办社会救助。加大农村社会救助投入，逐步缩小城乡差距。加强与乡村振兴战略衔接。推进城镇困难群众解困脱困。

二、夯实基本生活救助

（一）完善基本生活救助制度

规范完善最低生活保障制度，分档或根据家庭成员人均收入与低保标准的实际差额发放低保金。对不符合低保条件的低收入家庭中的重度残疾人、重病患者等完全丧失劳动能力和部分丧失劳动能力且无法依靠产业就业帮扶脱贫的人员，采取必要措施保障其基本生活。将特困救助供养覆盖的未成年人年龄从 16 周岁延长至 18 周岁。

（二）规范基本生活救助标准调整机制

综合考虑居民人均消费支出或人均可支配收入等因素，结合财力状况合理制定低保标准和特困人员供养标准并建立动态调整机制。制定基本生活救助家庭财产标准或条件。各省（区、市）制定本行政区域内相对统一的区域救助标准或最低指导标准。进一步完善社会救助和保障标准与物价上涨挂钩的联动机制。

（三）加强分类动态管理

健全社会救助对象定期核查机制。对特困人员、短期内经济状况变化不大的低保家庭，每年核查一次；对收入来源不固定、家庭成员有劳动能力的低保家庭，每半年核查一次。复核期内救助对象家庭经济状况没有明显变化的，不再调整救助水平。规范救助对象家庭人口、经济状况重大变化报告机制。

【案例链接】

甘肃省：线上监测预警 主动实施救助

甘肃省指导各地切实加大农村低收入人口监测预警力度，全面建立困难群众动态管理监测预警机制，巩固拓展兜底保障成果，进一步保障好脱贫人口基本生活。

1. 紧盯重点，监测对象广覆盖、无死角

2020 年 3 月，甘肃省民政厅牵头，联合省扶贫办等 7 部门建立了困难群众动态管理监测预警机制，将收入不稳定、增收能力差、抵御风险能力弱的城乡低保对象、特困供养人员、存在返贫风险的已脱贫人口、存在致贫风险的边缘人口、失业登记人员等10大类、419.11万人纳入监测范围，基本做到全覆盖、无死角。

2. 瞄准靶向，监测指标科学化、精准化

瞄准因病、因学、因残、因失业等主要返贫致贫因素，设立了患病住院、患有慢性病和重大疾病、残疾人登记办证、新增失业、高考录取学生5项预警指标，并赋予一定权重，通过监测预警量化救助需求。协调人社、教育等部门，通过线上线下相结合的方式获取信息数据，每月与监测对象身份数据进行交叉比对。根据指标数据与对象数据身份信息重合叠加情况量化打分，将得分情况按区间划分，由低到高确定蓝色、黄色、橙色、红色4个预警级别，叠加的困难越多，预警级别越高，救助需求越迫切。

3. 强化支撑，监测手段便捷、高效

研发困难群众动态管理监测预警系统，通过系统直接反馈至市、县民政部门和乡镇（街道）。基层根据预警信息不同等级的时限要求，及时组织人员开展入户核查，对符合条件的家庭和人员给予相应救助。通过分级预警、分类管理、限时核查，极大提升了预警和救助工作的时效性。

4. 主动救助，监测结果重实效、抓落实

根据监测系统实时发出提醒信息，基层工作人员主动上门调查核实家庭情况，将符合低保条件的家庭和人员纳入保障范围；对突发急难性、临时性、紧迫性事故导致困难的家庭给予临时救助，并将入户调查及办理情况通过系统进行反馈。

对超期未完成入户和反馈结果的预警信息，系统将自动向相关县区推送催办信息，同步向省、市系统管理员推送逾期提醒消息。同时，根据人员类型，定期向扶贫、人社等部门推送扶贫对象、失业人员预警信息，由相关部门落实相应帮扶措施。截至目前，全省共发出预警信息 526 349 条，累计对 31 373 名符合条件的困难群众落实救助政策。

监测预警机制的建立，将传统"依申请救助"拓展到工作人员主动发现、主动调查、主动施救，将"人找政策""单一施救"变成"政策找人""综合施救"。甘肃省将进一步完善低收入人口动态监测机制，让社会救助更加精准、更加及时、更有温度。

（摘编自搜狐网）

三、健全专项社会救助

（一）健全医疗救助制度

健全医疗救助对象动态认定核查机制，将符合条件的救助对象纳入救助范围，做好分类资助参保和直接救助工作。完善疾病应急救助。在突发疫情等紧急情况时，确保医疗机构先救治、后收费。健全重大疫情医疗救治医保支付政策，确保贫困患者不因费用问题影响就医。加强医疗救助与其他医疗保障制度、社会救助制度衔接，发挥制度合力，减轻困难群众就医就诊后顾之忧。

（二）健全教育救助制度

对在学前教育、义务教育、高中阶段教育（含中等职业教育）和普通高等教育（含高职、大专）阶段就学的低保、特困等家庭学生以及因身心障碍等原因不方便入学接受义务教育的适龄残疾未成年人，根据不同教育阶段需求和实际情况，采取减免相关费用、发放助学金、安排勤工助学岗位、送教上门等方式，给予相应的教育救助。

（三）健全住房救助制度

对符合规定标准的住房困难的低保家庭、分散供养的特困人员等实施住房救助。对农村住房救助对象优先实施危房改造，对城镇住房救助对象优先实施公租房保障。探索建立农村低收入群体住房安全保障长效机制，稳定、持久保障农村低收入家庭住房安全。

（四）健全就业救助制度

为社会救助对象优先提供公共就业服务，按规定落实税费减免、贷款贴息、社会保险补贴、公益性岗位补贴等政策，确保零就业家庭实现动态"清零"。对已就业的低保对象，在核算其家庭收入时扣减必要的就业成本，并在其家庭成员人均收入超过当地低保标准后给予一定时间的渐退期。

（五）健全受灾人员救助制度

健全自然灾害应急救助体系，调整优化国家应急响应启动标准和条件，完善重大自然灾害应对程序和措施，逐步建立与经济社会发展水平相适应的自然灾害救助标准调整机制，统筹做好应急救助、过渡期生活救助、旱灾临时生活困难救助、冬春临时生活困难救助和因灾倒损民房恢复重建等工作。

（六）发展其他救助帮扶

鼓励各地根据城乡居民遇到的困难类型，适时给予相应救助帮扶。加强法律援助，依法为符合条件的社会救助对象提供法律援助服务。积极开展司法救助，帮助受到侵害但无法获得有效赔偿的生活困难当事人摆脱生活困境，为涉刑事案件家庭提供救助帮扶、心理疏导、关系调适等服务。开展取暖救助，使寒冷地区的困难群众冬天不受冻。做好身故困难群众基本殡葬服务，为其减免相关费用。推进残疾儿童康复救助、重度残疾人护理补贴、孤儿基本生活保障等工作，加强事实无人抚养儿童等困境儿童保障，做好与社会救助政策衔接工作。鼓励有条件的地方将困难残疾人生活补贴延伸至低收入家庭。

四、完善急难社会救助

（一）强化急难社会救助功能

对遭遇突发性、紧迫性、灾难性困难，生活陷入困境，靠自身和家庭无力解决，其他社会救助制度暂时无法覆盖或救助之后生活仍有困难的家庭或个人，或生活无着流浪乞讨人员给予应急性、过渡性生活保障。依据困难情况制定临时救助标准，分类分档予以救助。逐步取消户籍地、居住地申请限制，探索由急难发生地实施临时救助。畅通急难社会救助申请和急难情况及时报告、主动发现渠道，建立健全快速响应、个案会商"救急难"工作机制。

（二）完善临时救助政策措施

将临时救助分为急难型临时救助和支出型临时救助。实施急难型临时救助，可实行"小金额先行救助"，事后补充说明情况；实施支出型临时救助，按照审核审批程序办理。采取"跟进救助""一次审批、分阶段救助"等方式，增强救助时效性。必要时启动县级困难群众基本生活保障工作协调机制进行"一事一议"审批。推动在乡镇（街道）建立临时救助备用金制度。加强临时救助与其他救助制度、慈善帮扶的衔接，形成救助合力。

（三）加强和改进生活无着流浪乞讨人员救助管理

强化地方党委和政府属地管理责任，压实各级民政部门、救助管理机构和托养机构责任，切实保障流浪乞讨人员人身安全和基本生活。完善源头治理和回归稳固机制，做好长期滞留人员落户安置工作，为符合条件人员落实社会保障政策。积极为走失、务工不着、家庭暴力受害人等离家在外的临时遇困人员提供救助。

（四）做好重大疫情等突发公共事件困难群众急难救助工作

将困难群众急难救助纳入突发公共事件相关应急预案，明确应急期社会救助政策措施和紧急救助程序。重大疫情等突发公共卫生事件和其他突发公共事件发生时，要及时分析研判对困难群众造成的影响以及其他各类人员陷入生活困境的风险，积极做好应对工作，适时启动紧急救助程序，适当提高受影响地区城乡低保、特困人员救助等保障标准，把因突发公共事件陷入困境的人员纳入救助范围，对受影响严重地区人员发放临时生活补贴，及时启动相关价格补贴联动机制，强化对困难群体的基本生活保障。

第三节　合理确定农村医疗保障待遇水平

一、增强基本医疗保险保障功能

完善统一的城乡居民基本医疗保险制度，巩固住院待遇保障水平，县域内政策范围内住院费用支付比例总体稳定在 70% 左右。补齐门诊保障短板，规范门诊慢特病保障政策，优化高血压、糖尿病（简称"两病"）门诊用药保障机制，确保"两病"患者用药保障和健康管理全覆盖，切实降低"两病"并发症、合并症风险。

二、提高大病保险保障能力

巩固大病保险保障水平，参保农村居民大病保险起付线降低

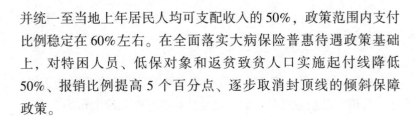

并统一至当地上年居民人均可支配收入的50%，政策范围内支付比例稳定在60%左右。在全面落实大病保险普惠待遇政策基础上，对特困人员、低保对象和返贫致贫人口实施起付线降低50%、报销比例提高5个百分点、逐步取消封顶线的倾斜保障政策。

三、夯实医疗救助托底保障

完善统一规范的医疗救助制度，明确救助费用范围，严格执行基本医保"三个目录"规定，合理确定救助水平和年度救助限额，按规定做好分类救助。原则上年度救助限额内，特困人员、低保对象、返贫致贫人口政策范围内个人自付住院医疗费用救助比例可由各地按不低于70%的比例确定。其他农村低收入人口救助比例略低于低保对象。统筹加大门诊慢特病救助保障，门诊和住院救助共用年度救助限额。经三重制度支付后政策范围内个人负担仍然较重的，给予倾斜救助。重点加大医疗救助资金投入，倾斜支持国家乡村振兴重点帮扶县。

第四节　完善养老保障和儿童关爱服务

一、完善养老保障制度

（一）完善城乡居民基本养老保险费代缴政策

完善城乡居民基本养老保险费代缴政策，地方政府结合当地实际情况，按照最低缴费档次为参加城乡居民养老保险的低保对象、特困人员、返贫致贫人口、重度残疾人等缴费困难群体代缴部分或全部保费。在提高城乡居民养老保险缴费档次时，对上述困难群体和其他已脱贫人口保留现行最低缴费档次。

（二）强化对失能、部分失能特困老年人口的兜底保障

强化县乡两级养老机构对失能、部分失能特困老年人口的兜底保障，盘活利用敬老院、闲置校舍、老年公寓等进行统筹规划改造，支持社会资本经营、开办集中养护机构，推动医、康、养、护有机融合，鼓励县区通过政府购买服务的方式提高失能、部分失能特困老年人口供养水平。加大县乡养老机构管理人员专项培训力度，提升照护水平。

二、完善儿童关爱服务

完善农村留守儿童和困境儿童关爱服务体系，加大对孤儿、事实无人抚养儿童等保障力度，落实基本生活保障制度和教育保障政策，提高儿童福利机构服务保障水平。

（一）完善农村留守儿童和困境儿童的关爱工作

加强农村留守儿童和困境儿童的关爱工作，强化控辍保学、教育资助、送教上门等工作措施，对有特殊困难的儿童优先安排在校住宿。加强易地扶贫搬迁学校学生的关心关爱工作，帮助其度过转换期，促进社会融入。加强心理健康教育，健全早期评估与干预制度，培养农村儿童健全的人格和良好的心理素质，增强承受挫折、适应环境的能力。

（二）加大对孤儿、事实无人抚养儿童等保障力度

1. 按时足额发放基本生活费

确保资金发放到位，每月按时足额发放孤儿、事实无人抚养儿童基本生活费，确保孤儿和事实无人抚养儿童的基本生活保障政策得到有效落实。

2. 搭建全方位多维度的保障体系

孤儿和事实无人抚养儿童保障，涉及基本生活、教育、医

疗、监护、关爱服务等多项内容。在确保孤儿、事实无人抚养儿童基本生活没有忧患的前提下，协调推动相关职能部门落实医疗、教育、就业、住房、司法等保障政策，真正为这部分特殊儿童搭建全方位多维度的保障体系。

3. 落实探访巡查工作机制

严格落实孤儿、事实无人抚养儿童等特殊群体儿童巡查关爱工作机制，坚持对孤儿、事实无人抚养儿童进行探访，了解掌握孤儿、事实无人抚养儿童的学习、生活和监护人等基本情况。

4. 加强信息管理系统管理

落实专人负责信息录入，认真审核申请材料，新增对象及时审批，不符合条件的对象及时核减，确保发放对象与全国儿童福利信息管理系统录入情况一致。在将儿童精准纳入保障的同时，各级法院、检察院、公安、司法行政、教育、卫生健康、医保、残联等部门要加强信息共享，对儿童父母情况发生变化、不再符合保障条件的儿童要及时退出保障，做到应退尽退。

【知识链接】

事实无人抚养儿童及其认定

事实无人抚养儿童是指父母双方均符合重残、重病、服刑在押、强制隔离戒毒、被执行其他限制人身自由的措施、失联情形之一的儿童；或者父母一方死亡或失踪，另一方符合重残、重病、服刑在押、强制隔离戒毒、被执行其他限制人身自由的措施、失联情形之一的儿童。其中，重残是指一级二级残疾或三级四级精神、智力残疾；重病由各地根据当地大病、地方病等实际情况确定；失联是指失去联系且未履行监护抚养责任6个月以上；服刑在押、强制隔离戒毒或被执行其他限制人身自由的措施是指期限在 6 个月以上；死亡是指自然死亡或人民法院宣告死亡；失踪是指人民法院宣告失踪。

事实无人抚养儿童规范的认定流程如下。

1. 申请

事实无人抚养儿童监护人或受监护人委托的近亲属填写《事实无人抚养儿童基本生活补贴申请表》，向儿童户籍所在地乡镇人民政府（街道办事处）提出申请。情况特殊的，可由儿童所在村（居）民委员会提出申请。

2. 查验

乡镇人民政府（街道办事处）受理申请后，应当对事实无人抚养儿童父母重残、重病、服刑在押、强制隔离戒毒、被执行其他限制人身自由的措施、失联以及死亡、失踪等情况进行查验。查验一般采取部门信息比对的方式进行。因档案管理、数据缺失等原因不能通过部门信息比对核实的，可以请事实无人抚养儿童本人或其监护人、亲属协助提供必要补充材料。乡镇人民政府（街道办事处）应当在自收到申请之日起 15 个工作日内作出查验结论。对符合条件的，连同申报材料一并报县级民政部门。对有异议的，可根据工作需要采取入户调查、邻里访问、信函索证、群众评议等方式再次进行核实。为保护儿童隐私，不宜设置公示环节。

3. 确认

县级民政部门应当在自收到申报材料及查验结论之日起 15 个工作日内作出确认。符合条件的，从确认的次月起纳入保障范围，同时将有关信息录入"全国儿童福利信息管理系统"。不符合保障条件的，应当书面说明理由。

4. 终止

规定保障情形发生变化的，事实无人抚养儿童监护人或受委托的亲属、村（居）民委员会应当及时告知乡镇人民政府（街道办事处）。乡镇人民政府（街道办事处）、县级民政部门要加强动态管理，对不再符合规定保障情形的，应当及时终止其保障资格。

（三）提升儿童福利机构服务保障水平

1. 完善儿童福利机构设施建设

加强儿童福利机构建设，按照孤儿养育要求，为其配备抚育、康复、特殊教育必需的设备器材和救护车、校车等，完善儿童福利机构养护、医疗康复、特殊教育、技能培训、监督评估等方面的功能。

2. 加强儿童福利机构工作队伍建设

加大社工、特殊教育、康复等专业人才的培养和引进的力度，提升儿童福利机构专业化水平。将儿童福利机构内设立的特殊教育班或特殊教育学校教师、儿童福利机构内设医疗机构中医护人员专业技术职务评定，纳入教育、卫生系统职称评聘体系。推进孤残儿童护理员队伍建设。

3. 充分发挥社会福利中心指导作用

社会福利中心对孤儿养育状况进行定期巡查和监督评估，对监护人进行指导和培训，做好孤儿权益保障相关事务，指导各区和市级儿童福利机构落实孤儿基本生活费、教育、医疗康复、就业、住房保障等优惠政策。加强孤儿保障工作能力建设，做好儿童福利信息管理系统的数据维护，协助推进儿童福利领域大数据建设，加强孤儿基本信息和动态信息管理。

三、加强残疾人托养照护、康复服务

（一）丰富服务形式

残疾人照护和托养工作实行居家照护为主，日间照料和机构托养为辅的工作模式。各乡镇可因地制宜让符合条件的残疾人根据需要申请居家照护、日间照料和机构托养中的一种服务。

（二）完善居家照护功能

鼓励符合条件的残疾人亲属、邻里或社会组织为有需求的残疾人提供基本生活照料、康复护理、心理慰藉等服务。督促照护和托养对象的法定赡养、抚养、扶养义务人履行义务和责任。提升居家照护服务水平，定期向提供居家照护服务的个人或组织开展护理知识和技能培训。

（三）探索日间照料服务

建立日间照料服务设施标准，鼓励有条件且服务需求相对集中的地区，整合设施资源，按标准新建或改建日间照料场所和精神障碍社区康复服务站点，分别为符合条件的智力、肢体残疾人和精神残疾人提供日间照料、心理疏导、康复训练等服务。

（四）提升机构托养能力

围绕智力和肢体残疾人护理和康复需求，按照残疾人护理设施建设标准，加快残疾人综合托养服务机构规划建设，分年度实施农村公办养老院改造工程，逐步提升托养能力。鼓励有条件的农村公办养老院，在满足特困人员集中供养需求的前提下，逐步为建档立卡贫困家庭中的智力和肢体残疾人提供低偿或无偿服务。加快康复护理能力建设，整合政府公益性岗位和购买服务资源，补充专业护理人员工作力量，强化专业技术教育和培训，推进护理能力建设常态化。

（五）明确补助指导标准

采取居家照护和日间照料的，对提供服务的个人、组织或机构按每人每月不低于 600 元的标准给予补助；在残疾人综合托养服务机构和养老机构托养的，按每人每月不低于 1 000 元标准给予补助；在农村公办养老院托养的，参照市特困人员供养和护理费标准给予补助。补助指导标准根据全市经济社会发展和残疾人实际需求适时调整。县政府结合实际，分类确定经费保障标准并建立动态调整机制。

（六）加强政策衔接

按照择高享受原则，统筹整合使用发放给个人的残疾人两项补贴、老年人两项补贴等政府性生活和护理类补助资金，确保残疾人各项政策有效衔接。

第五章　提升脱贫地区整体发展水平

第一节　集中支持乡村振兴重点帮扶县

一、确定乡村振兴重点帮扶县

按照应减尽减原则，在西部地区处于边远或高海拔、自然环境相对恶劣、经济发展基础薄弱、社会事业发展相对滞后的脱贫县中，确定一批国家乡村振兴重点帮扶县，从财政、金融、土地、人才、基础设施建设、公共服务等方面给予集中支持，增强其区域发展能力。支持各地在脱贫县中自主选择一部分县作为乡村振兴重点帮扶县。支持革命老区、民族地区、边疆地区巩固脱贫攻坚成果和乡村振兴。

二、建立跟踪监测机制

建立跟踪监测机制，对中央和省确定的乡村振兴重点帮扶县进行定期监测评估，落实好财政、金融、土地、人才、基础设施建设、公共服务等方面集中支持政策，增强其区域发展能力。

第二节　坚持和完善帮扶机制

一、落实东西部协作和对口支援机制

一是继续坚持并完善东西部协作机制，在保持现有结对关系基本稳定和加强现有经济联系的基础上，调整优化结对帮扶关系，将现行一对多、多对一的帮扶办法，调整为原则上一个东部地区省份帮扶一个西部地区省份的长期固定结对帮扶关系。

二是优化协作帮扶方式，在继续给予资金支持、援建项目基础上，进一步加强产业合作、劳务协作、人才支援，推进产业梯度转移，鼓励东西部共建产业园区。

三是教育、文化、医疗卫生、科技等行业对口支援原则上纳入新的东西部协作结对关系。

四是更加注重发挥市场作用，强化以企业合作为载体的帮扶协作。

五是省际间要做好帮扶关系的衔接，防止出现工作断档、力量弱化。中部地区不再实施省际间结对帮扶。

二、落实社会力量参与帮扶机制

一是继续坚持定点帮扶机制，适当予以调整优化，安排有能力的部门、单位和企业承担更多责任。

二是军队持续推进定点帮扶工作，健全完善长效机制，巩固提升帮扶成效。

三是继续实施"万企帮万村"行动。

四是定期对东西部协作和定点帮扶成效进行考核评价。

【知识链接】

"万企帮万村"及其帮扶方式

"万企帮万村"是指力争用 3~5 年时间，动员全国 1 万家以上民营企业参与，帮助 1 万个以上贫困村加快脱贫进程，为促进非公有制经济健康发展和非公有制经济人士健康成长，打好扶贫攻坚战、全面建成小康社会贡献力量。其帮扶方式主要有以下几类。

1. 开展产业扶贫

农业产业化企业要通过"公司+基地+专业合作社+农户"等方式，发展农产品加工业和特色种养殖业，带动贫困户通过利益联结机制实现股本增收。工业企业要合理开发贫困地区自然资源，赋予村集体股权，让贫困村、贫困户分享开发收益。商贸流通企业特别是电商企业要拓展农村业务，发挥"互联网+"优势，与邮政、供销合作等系统加强合作，帮助贫困村、贫困户对接市场，拓宽线上线下销售渠道。旅游业企业要依托当地特有的自然人文资源，帮助发展乡村旅游、红色旅游、生态旅游。鼓励大型企业设立贫困地区产业投资基金，采取市场化运作方式，用于贫困地区从事资源开发、产业园区建设、新型城镇化发展等。

2. 开展就业扶贫

鼓励企业面向帮扶对象招收员工，加大岗前、岗中培训力度，提供劳动和社会保障，实现贫困户稳定就业增收。鼓励民营职业院校和职业技能培训机构招收贫困家庭子女，将企业扶贫与职业教育相结合，实现靠技能脱贫。充分利用基层劳动就业和社会保障平台，支持用人企业在贫困地区建立劳务培训基地，开展订单定向培训，拓展贫困户劳动力本地就业和外出务工空间。

3. 开展公益扶贫

鼓励企业采取直接捐赠、设立扶贫公益基金、开展扶贫公益信托或通过中国光彩基金会等公益组织开展扶贫。以援建村屯道桥、饮水工程、卫生设施、文化场所，配合推进危房改造、光伏扶贫等方式，帮助贫困村改善面貌。以高校学生、重病患者、留守儿童、空巢老人、残疾人为重点，对贫困户开展捐资助学、医疗救助、生活救助等公益扶贫活动。

第六章 脱贫攻坚与乡村振兴
政策的有效衔接

第一节 财政投入政策衔接

我国脱贫攻坚战取得全面胜利，财政扶贫政策功不可没。财政扶贫资金发挥了投入主渠道的作用，为打赢脱贫攻坚战提供了强大的资金保障。目前，在保持财政支持政策总体稳定的前提下，根据巩固拓展脱贫攻坚成果同乡村振兴有效衔接的需要和财力状况，合理安排财政投入规模，优化支出结构，调整支持重点。

一、充分发挥财政政策效应，巩固拓展脱贫攻坚成果

巩固拓展脱贫攻坚成果的第一步是要加大防止返贫的力度。这就需要加大财政资金对脱贫地区民生需求的支出，支持防止致贫返贫监测预警。要利用财政资金撬动保险资金，在促进农村民生保险方面，继续发力，使广大农民的基本民生需求，如子女教育、住房、医疗、养老等在得到基本保障基础上逐步提升水平。要做好易地扶贫搬迁后续扶持工作，使搬迁群众住得下、干得好。巩固脱贫需要继续发展产业，在发展农业产业方面，期货加保险等现代金融工具在财政资金的助力下，发挥"四两拨千斤"

的杠杆作用，把靠天吃饭的农业弱质性通过财政金融的手段强固起来，提升农业产业抵挡天灾和农产品市场价格波动风险的能力。一些地方探索财政投入为濒临贫困线的农村人口买防贫险，采用保险手段对抗返贫风险。

脱贫攻坚中，在各级财力投入下，形成积累了规模庞大的扶贫产业，这些产业对带动农村地区贫困人口实现脱贫发挥了关键作用。打赢脱贫攻坚战后，这些扶贫产业要继续发挥作用，就需要摸清底数，实现扶贫资产的保值增值，使其稳定发展并进一步做大做强。按公益性、经营性、确权到户类等分类指导，明确责任、明晰产权、维护权利，让扶贫资产继续在乡村振兴中发挥生力军的作用。

【知识链接】

2021年农业生产发展等项目资金

农业农村部、财政部发布的《关于做好2021年农业生产发展等项目实施工作的通知》，在重点任务方面，要求支持脱贫地区乡村特色产业发展壮大。贯彻落实党中央、国务院关于实现巩固拓展脱贫攻坚成果同乡村振兴有效衔接的决策部署，重点支持脱贫地区发展壮大乡村特色产业，提高市场竞争力和抗风险能力。强化全产业链支持措施，提升完善产业发展支撑保障和设施条件，支持培育壮大新型经营主体，促进产业内生可持续发展。农业生产发展资金、农业资源及生态保护补助资金、动物防疫等补助经费继续向脱贫县倾斜。

一、中央财政农业生产发展资金

中央财政农业生产发展资金主要用于对农民直接补贴，以及支持农业绿色发展与技术服务、农业经营方式创新、农业产业发展等方面工作。

（一）稳定实施直接补贴政策

1. 稳定实施耕地地力保护补贴

按照"总体稳定、审慎探索、精准有效"的原则，认真执行《财政部 农业部关于全面推开农业"三项补贴"改革工作的通知》（财农〔2016〕26号）规定。同时，按照《财政部办公厅 农业农村部办公厅关于进一步做好耕地地力保护补贴工作的通知》（财办农〔2021〕11号）要求，探索耕地地力保护补贴发放与耕地地力保护行为相挂钩的有效机制，加大耕地使用情况的核实力度，做到享受补贴农民的耕地不撂荒、地力不下降，切实推动"藏粮于地"战略部署，遏制耕地"非农化"。加快消化补贴结转资金，以前年度结转资金要与当年预算资金统筹使用。充分运用现代化信息手段，推进农户基础身份信息、土地确权数据等信息共享，减轻基层工作负担，提升补贴发放的规范性、精准性和时效性。切实加强补贴资金监管，严防"跑冒滴漏"，对骗取、贪污、挤占、挪用或违规发放等行为，依法依规严肃处理。

2. 启动实施新一轮农机购置补贴政策

按照《农业农村部办公厅 财政部办公厅关于印发〈2021—2023年农机购置补贴实施指导意见〉的通知》（农办计财〔2021〕8号）的部署要求，创新完善农机购置补贴政策实施，持续提升政策实施的精准化、规范化、便利化水平。一是突出稳产保供和自主创新。优先保障粮食等重要农产品生产、丘陵山区特色农业生产以及支持农业绿色发展和数字化发展所需机具的补贴需要。深化北斗系统在农业系统中的推广应用，将育秧、烘干、标准化猪舍、畜禽粪污资源化利用等成套设施装备纳入农机新产品补贴试点范围。二是科学测算确定补贴额。将粮食生产薄弱环节、丘陵山区特色农业生产急需的机具以及高端、复式、智能农机产品的补贴额测算比例提高至35%。降低轮式拖拉机等区域内保有量明显过多以及技术相对落后的补贴机具品目或档次补贴额，确保到2023年将其补贴额测算比例降低至15%及以下，并将部分低价值机具退出补贴范围。各地在中央财政农机购置补贴资金外，统筹地方财政资金用于叠加补贴的，要科学测算补贴标准，防止补贴额过高引发过量购买，影响政策普惠公平。不得使用其他中央财政资金用于农机购置累加补贴。三是着力提升服务效能。营造良好营商环境，保障市场主体合法权益。全面推行限时办理，将补贴申请受理与核验、补贴资金兑付的工作时限分别压缩至15个工作日以内。充分利用二维码和物联网等信息化手段，加快推进补贴全流程线上办理。四是坚持从严管理。强化对参与补贴政策实施的鉴定（检测）机构监管。健全省际联动处理和部门联合处理机制，对骗套补贴资金的产销企业实行罚款处理，有效维护政策实施良好秩序和补贴资金安全。

（二）持续推进农业绿色发展

1. 推进实施重点作物绿色高质高效行动

以巩固提升粮食等重要农产品供给保障能力为目标，聚焦稳口粮提品质、扩玉米稳大豆提单产、扩油料稳棉糖提产能以及推进"三品一标"增效益等重点任务，集成组装推广区域性、标准化高产高效技术模式。因地制宜推广测墒节灌、水肥一体化、集雨补灌、蓄水保墒等旱作节水农业技术，推广农作物病虫害绿色防控产品和技术，在更大规模、更高层次上提升优良食味稻米、优质专用小麦、高油高蛋白大豆、双低双高油菜等粮棉油糖果菜茶生产能力，促进稳产高产、提质增效，示范带动大面积区域性均衡发展。支持山西省实施有机旱作农业示范，继续支持辽宁省、福建省等省份 2020 年启动的有机肥替代化肥试点县完成试点任务。

2. 实施农机深松整地

以提高土壤蓄水保墒能力为目标，支持适宜地区开展农机深松整地作业，促进耕地质量改善和农业可持续发展。深松整地作业一般要求达到 25 厘米以上。每亩作业补助原则上不超过 30 元，具体补助标准和作业周期由各地因地制宜确定。充分利用信息化监测手段保证深松作业质量，提高监管工作效率。

3. 深化基层农技推广体系改革

以国家现代农业科技示范展示基地和区域示范基地等为平台，示范推广重大引领性技术和农业主推技术。在山西省、内蒙古自治区等 12 个省区实施重大技术协同推广任务，熟化一批先进技术，组建技术团队开展试验示范和观摩活动，加快产学研推多方协作的技术集成创新推广。继续实施农技推广特聘计划，通过政府购买服务等方式，从乡土专家、新型农业经营主体、种养能手中招募特聘农技员。

（三）发展壮大乡村产业

1. 加快推进农业产业融合发展

新创建一批国家现代农业产业园、优势特色产业集群和农业产业强镇。立足优势和资源禀赋，瞄准农业全产业链开发，明确发展主导产业和优先顺序，构建以产业强镇为基础、产业园为引擎、产业集群为骨干，省县乡梯次布局、点线面协同推进的现代乡村产业体系，加快推动品种培优、品质提升、品牌打造和标准化生产，整体提升产业发展质量效益和竞争力。

2. 实施奶业振兴行动和畜禽健康养殖

一是实施奶业振兴行动。建设高产优质苜蓿示范基地，降低奶牛饲养成本，提高生鲜乳质量安全水平。二是实施粮改饲。以北方农牧交错带为重点，支持牛羊养殖场（户）和饲草专业化服务组织，收储青贮玉米、苜蓿、燕麦草等优质饲草。三是开展畜禽遗传资源保护和性能测定工作。支持符合条件的国家级畜禽遗传资源保种场、保护区和基因库开展畜禽遗传资源保护，支持符合条件的国家畜禽核心育种场、种公畜站、奶牛生产性能测定中心开展种畜禽和奶牛生产性能测定工作。四是实施肉牛肉羊增量提质行动。在河北省、山西省、内蒙古自治区、辽宁省、安徽省、江西省、湖北省、湖南省、广西壮族自治区、四川省、贵州省、云南省、陕西省、甘肃省和宁夏回族自治区15个省区，选择产业基础相对较好的牛（羊）养殖大县，支持开展基础母牛扩群提质和种草养牛养羊全产业链发展。五是实施良种补贴。在主要草原牧区省份对项目区内使用良种精液开展人工授精的肉牛养殖场（小区、户），以及存栏能繁母羊30只以上、牦牛能繁母牛25头以上的养殖户进行适当补助，支持牧区畜牧良种推广。在生猪大县对使用良种猪精液开展人工授精的生猪养殖场（户）进行适当补助，加快生猪品种改良。六是实施蜂业质量提升行动。开展蜜蜂遗传资源保护利用、良种繁育推广、现代化养殖加工技术及设施设备推广应用、蜂产品质量管控体系建设，推动蜂业全产业链质量提升。

3. 推进地理标志农产品保护和发展

围绕产品特色化、身份标识化和全程数字化，加强地理标志农产品特色种质保存和特色品质保持，推动全产业链标准化全程质量控制，提升核心保护区生产及加工储运能力。挖掘农耕文化，推动绿色有机认证，加强宣传推介，培育区域特色品牌。利用现代信息技术，强化标志管理和产品追溯。

（四）大力培育新型农业经营主体

1. 支持新型农业经营主体高质量发展

一是加快推进农产品产地冷藏保鲜设施建设。聚焦鲜活农产品产地"最先一公里"，重点围绕蔬菜、水果，兼顾地方优势特色品种，支持新型农业经营主体等建设农产品产地冷藏保鲜设施。在实施区域上，在31个省（区、市）、新疆生产建设兵团和广东省农垦总局、北大荒农垦集团、中国融通农业发展集团实施，可适当向鲜活农产品主产区、特色农产品优势区和832个脱贫县倾斜。同时，择优支持100个蔬菜、水果等产业重点县开展产地冷藏保鲜整县推进试点，支持广东省农垦总局、北大荒农垦集团、中国融通农业发展集团推进试点。在建设内容上，重点支持建设通风贮藏库、机械冷库、气调贮藏库，以及预冷设施和配套设施设备，具体由主体根据实际需要确定类型和建设规模。在实施主体上，依托县级以上示范家庭农场和农民合作社示范社（832个脱贫县可不受示范等级限制），已登记的农村集体经济组织，以及北大荒农垦集团有限公司、广东省农垦总局农场、中国融通农业发展集团有限公司实施。试点县可因地制宜鼓励农业龙头企业、农业产业化联合体，以及可有效实现联农带农、"农超对接"的相关市场主体，积极参与农产品产地冷藏保鲜设施建设。在补助标准上，按照不超过建设设施总造价的30%进行补贴，832个脱贫县放宽至40%，单个主体（不含农垦农场、中国融通农业发展集团）补贴规模最高不超过100万元，具体补贴标准由地方制定；对每个农产品产地冷藏保鲜整县推进试点县给予重点补奖。在操作方式上，采取"先建后补、以奖代补"的方式，各地利用农业农村部新型农业经营主体信息直报系统和农业农村部重点农产品信息平台农产品仓储保鲜冷链物流信息系统进行管

理，实行建设申请、审核、公示到补助发放全过程线上管理。

二是支持新型农业经营主体提升技术应用和生产经营能力。支持县级以上农民合作社示范社（联合社）和示范家庭农场（脱贫地区适当放宽条件）改善生产条件，应用先进技术，建设清选包装、烘干等产地初加工设施，提升规模化、集约化、标准化、信息化生产能力。加大对种粮家庭农场和农民合作社的支持力度。鼓励各地通过政府购买服务方式，委托行业协会或联盟、专业机构、专业人才为农民合作社和家庭农场提供生产技术、产业发展、财务管理、市场营销等服务。各地要充分发挥全国家庭农场名录系统作用，对纳入名录系统的优先予以支持。鼓励各地开展农民合作社质量提升整县推进，支持农民合作社开展社企对接，增强市场营销和品牌培育能力。鼓励有条件的地方依托龙头企业，带动农民合作社和家庭农场，形成农业产业化联合体。

2. 加快推进农业生产社会化服务

支持符合条件的农村集体经济组织、农民合作社、农业服务专业户和服务类企业面向小农户开展社会化服务，重点解决小农户在粮棉油糖等重要农产品生产中关键和薄弱环节的机械化、专业化服务需求。加大对南方早稻主产省、丘陵地区发展粮食生产等社会化服务支持力度。坚持市场化手段，通过以奖代补、作业补贴等多种方式，支持各类服务主体集中连片开展统防统治、代耕代种代收等机械化、专业化社会化服务。支持安装使用机械作业监测传感器和北斗导航终端的服务主体，集中连片开展农业生产社会化服务。各地要根据当地小农户和农业生产需求，因地制宜发展多种服务模式，提升农业社会化服务的市场化、专业化、规模化、信息化水平，推动服务型规模经营，加快转变农业生产方式和经营方式，引领小农户和现代农业有机衔接。

3. 实施高素质农民培育

重点面向从事适度规模经营的农民，实施新型农业经营服务主体能力提升、种养加能手技能、返乡下乡者创业、乡村治理及社会事业发展带头人和农村实用人才带头人示范等培训，加快培养懂技术、善经营、会管理的高素质农民。鼓励有经验、有条件的农业企业、家庭农场和农民合作社参与实习实训等培训工作。

4. 稳步扩大农业信贷担保规模

强化中央财政补奖政策性导向，提高中央财政补奖资金使用效益。加快推动农业信贷担保服务网络向市县延伸，逐步实现重点县网点和业务全覆盖。持续扩大在保贷款余额和在保项目数量，加强对农业信贷担保放大倍数的量化考核。加强农业信贷担保"双控"业务考核，完善省级农担公司"双控"业务具体范围，建立健全"双控"和政策性任务确认机制。保持对脱贫地区农业产业发展支持力度，继续实施优惠担保费率。督促指导省级农担公司加强风险防控体系建设，健全风险管理制度，提高风险识别与监控能力，完善多渠道分险机制，不断创新风险化解手段，切实守住风险底线。

二、中央财政农业资源及生态保护补助资金

中央财政农业资源及生态保护补助资金主要用于耕地质量提升、渔业资源保护、草原保护利用、农业废弃物资源化利用等方面的支出。

（一）支持耕地质量提升

1. 加强耕地保护与质量提升

一是开展化肥减量增效示范。在重点作物绿色高质高效行动县协同开展化肥减量增效示范，引导企业和社会化服务组织开展科学施肥技术服务，支持农户和新型农业经营主体应用化肥减量增效新技术新产品，着力解决化肥使用过量、利用率不高的突出问题。继续做好取土化验、田间试验、配方制定发布、测土配方施肥数据成果开发应用等测土配方施肥基础性工作。二是开展退化耕地治理。在耕地酸化、盐碱化较严重区域，集成推广施用土壤调理剂、绿肥还田、耕作压盐、增施有机肥等治理措施。继续做好耕地质量等级年度变更评价与补充耕地质量评定试点工作。三是加强生产障碍耕地治理。在西南、华南等地区，针对不同耕地生产障碍程度，结合作物品种、耕作习惯等，因地制宜采取品种替代、水肥调控、农业废弃物回收利用等环境友好型农业生产技术，克服农产品产地环境障碍，提升农产品质量安全水平。

2. 统筹推进东北黑土地保护利用和保护性耕作

贯彻落实《东北黑土地保护规划纲要（2017—2030年）》，聚焦83个黑土地保护重点县，集中连片开展东北黑土地保护利用，重点推广秸秆还田与"深翻+有机肥还田"等综合技术模式，推进黑土地核心区提质培肥集中连片示范。继续稳步实施东北黑土地保护性耕作行动计划，支持在适宜区域推广应用秸秆覆盖免（少）耕播种等关键技术，鼓励整乡整村整建制推进，使保护性耕作成为东北适宜区域主流耕作技术。

3. 推进耕地轮作休耕制度

立足资源禀赋、突出生态保护、实行综合治理，进一步探索科学有效轮作模式，重点在东北地区推行大豆、薯类-玉米、杂粮杂豆、春小麦-玉米等轮作，在黄淮海地区推行玉米-大豆或花生-玉米等轮作，在长江流域推行稻油、稻稻油等轮作，既通过豆科作物轮作倒茬，发挥固氮作用，提升耕地质量，减少化肥使用量，又通过不同作物间轮作，降低病虫害发生，减少农药使用量，加快构建绿色种植制度，促进农业资源永续利用。同时，继续在河北省地下水漏斗区、黑龙江省三江平原井灌稻地下水超采区、新疆塔里木河流域地下水超采区实施休耕试点，休耕期间配套采取土壤改良、培肥地力、污染修复等措施，促进耕地质量提升。

（二）加强渔业资源养护

1. 开展长江流域重点水域禁捕

各有关省份要统筹用好过渡期补助资金，扎实做好长江流域重点水域禁捕工作。在各有关省份自查基础上，财政部会同农业农村部开展长江禁捕退捕财政补助资金监督检查，推动资金落实到位，安全规范有效使用。强化长江禁捕退捕资金落实情况定期调度，督促指导地方切实做好资金保障等相关工作，巩固长江禁捕退捕成果，确保"十年禁渔"有效实施。

2. 实施重点水域渔业增殖放流

在流域性大江大湖、界江界河、资源衰退严重海域等重点水域开展渔业增殖放流，适当增加长江流域珍贵、濒危水生生物放流数量。保障放流苗种质量安全，推进增殖放流工作科学有序开展。

（三）启动实施第三轮草原生态保护补助奖励政策

启动实施第三轮草原生态保护补助奖励政策，扩大政策实施范围，将已明确承包权但未纳入第二轮补奖范围的草原面积纳入此轮补奖范围。各有关省份负责补奖政策的具体组织实施，要因地制宜细化方案，结合实际科学确定具体补奖标准和发放方式。实施"一揽子"政策的半农半牧区省份可支持推动生产转型，提高草原畜牧业现代化水平。

（四）强化农业废弃物资源化利用

1. 开展绿色种养循环农业试点

聚焦畜牧大省、粮食和蔬菜主产区、生态保护重点区域，优先在京津冀、长江经济带、粤港澳大湾区、黄河流域、东北黑土区、生物多样性保护重点地区等，选择基础条件好、地方政府积极性高的县（市、区），整县开展绿色种养循环农业试点，以县为单位构建粪肥还田组织运行模式，对提供粪污收集处理服务的企业（不包括养殖企业）、合作社等主体和提供粪肥还田服务的社会化服务组织给予奖补支持，带动县域内粪污基本还田，推动化肥减量化，促进耕地质量提升和农业绿色发展。

2. 促进农作物秸秆综合利用

全面实施秸秆综合利用行动，实行整县集中推进。各地要结合实际，突出重点地区，坚持农用优先、多元利用的原则，培育壮大一批秸秆综合利用市场主体，激发秸秆还田、离田、加工利用等各环节市场主体活力，探索可推广、可持续的产业模式和秸秆综合利用稳定运行机制，打造一批产业化利用典型样板，积极推进全量利用县建设，稳步提高省域内秸秆综合利用能力。加强秸秆资源台账建设，完善监测评价体系。在东北地区重点聚焦耕地质量提升，促进秸秆还田增碳固碳。

3. 推广地膜回收利用

加快建立地膜使用和回收利用机制，继续在内蒙古自治区、甘肃省和新疆维吾尔自治区支持整县推进废旧地膜回收利用，鼓励其他地区自主开展探索，建立健全完善废旧地膜回收加工体系，推动建立经营主体上交、专业化组织回收、加工企业回收、以旧换新等多种方式的回收利用机制，并探索"谁生产、谁回收"的地膜生产者责任延伸制度。严格市场准入，禁止生产使用不达标地膜。支持有条件地区集中开展适宜作物全生物可降解地膜替代和新疆棉区机械化回收农膜。

三、中央财政动物防疫等补助经费

中央财政动物防疫等补助经费主要用于动物疫病强制免疫、

强制扑杀、养殖环节无害化处理等 3 个方面支出。

（一）强制免疫补助

主要用于对口蹄疫、高致病性禽流感、H7N9 流感、小反刍兽疫、布病、包虫病等动物疫病实施强制免疫和购买动物防疫服务等。大力推进强制免疫"先打后补"，2022 年底前实现所有规模养殖场"先打后补"。各地要加强资金使用管理，提高免疫质量和政策成效。

（二）强制扑杀补助

主要用于国家在预防、控制和扑灭动物疫病过程中，对被依法强制扑杀动物的所有者给予补助。纳入强制扑杀中央财政补助范围的疫病种类包括非洲猪瘟、口蹄疫、高致病性禽流感、H7N9 流感、小反刍兽疫、布病、结核病、包虫病、马鼻疽和马传贫等。

（三）养殖环节无害化处理补助

主要用于对养殖环节病死猪无害化处理等方面，补助对象为承担无害化处理任务的实施者。各省（区、市）落实《农业农村部 财政部关于进一步加强病死畜禽无害化处理工作的通知》（农牧发〔2020〕6 号）要求，制定无害化处理补助标准并于 2021 年 6 月底前报送农业农村部、财政部备案。要统筹省市县资金安排，足额安排资金，加强监管，以适宜区域范围内统一收集、集中处理为重点，推动建立集中处理为主，自行分散处理为补充的处理体系，逐步提高专业无害化处理覆盖率。

二、精准使用衔接资金，发力乡村全面振兴

为支持巩固拓展脱贫攻坚成果同乡村振兴有效衔接，原中央财政专项扶贫资金调整优化为中央财政衔接推进乡村振兴补助资金（以下简称衔接资金）。中央财政 2021 年预算安排衔接资金 1 561 亿元，比 2020 年增加 100 亿元。为加强过渡期衔接资金的管理，财政部、国家乡村振兴局、国家发展改革委、国家民委、农业农村部、国家林业和草原局联合印发《中央财政衔接推进乡村振兴补助资金管理办法》，对衔接资金使用管理作出了全面规定。

（一）衔接资金的用途

衔接资金主要用于支持各省、自治区、直辖市巩固拓展脱贫攻坚成果同乡村振兴有效衔接，具体包括以下方面。

1. 支持巩固拓展脱贫攻坚成果

第一，健全防止返贫致贫监测和帮扶机制，加强监测预警，强化及时帮扶，对监测帮扶对象采取有针对性的预防性措施和事后帮扶措施。可安排产业发展、小额信贷贴息、生产经营和劳动技能培训、公益岗位补助等支出。低保、医保、养老保险、临时救助等综合保障措施，通过原资金渠道支持。监测预警工作经费通过各级部门预算安排。

第二，"十三五"易地扶贫搬迁后续扶持。支持实施带动搬迁群众发展的项目，对集中安置区聘用搬迁群众的公共服务岗位和"一站式"社区综合服务设施建设等费用予以适当补助。对规划内的易地扶贫搬迁贷款和调整规范后的地方政府债券按规定予以贴息补助。

第三，外出务工脱贫劳动力（含监测帮扶对象）稳定就业，可对跨省就业的脱贫劳动力适当安排一次性交通补助。采取扶贫车间、以工代赈、生产奖补、劳务补助等方式，促进返乡在乡脱贫劳动力发展产业和就业增收。继续向符合条件的脱贫家庭（含监测帮扶对象家庭）安排"雨露计划"补助。

2. 支持衔接推进乡村振兴

第一，培育和壮大欠发达地区特色优势产业并逐年提高资金占比，支持农业品种培优、品质提升、品牌打造。推动产销对接和消费帮扶，解决农产品"卖难"问题。支持必要的产业配套基础设施建设。支持脱贫村发展壮大村级集体经济。

第二，补齐必要的农村人居环境整治和小型公益性基础设施建设短板。主要包括水、电、路、网等农业生产配套设施，以及垃圾清运等小型公益性生活设施。教育、卫生、养老服务、文化等农村基本公共服务通过原资金渠道支持。

第三，实施兴边富民行动、人口较少民族发展、少数民族特色产业和民族村寨发展、困难群众饮用低氟边销茶，以工代赈项目，欠发达国有农场和欠发达国有林场巩固发展，"三西"地区农业建设。

3. 巩固拓展脱贫攻坚成果同乡村振兴有效衔接的其他相关支出

衔接资金不得用于与巩固拓展脱贫攻坚成果和推进欠发达地区乡村振兴无关的支出，包括单位基本支出、交通工具及通讯设备、修建楼堂馆所、各种奖金津贴和福利补助、偿还债务和垫资等。偿还易地扶贫搬迁债务按有关规定执行。

（二）衔接资金的分配

衔接资金应按照巩固拓展脱贫攻坚成果和乡村振兴、以工代赈、少数民族发展、欠发达国有农场巩固提升、欠发达国有林场巩固提升、"三西"农业建设任务进行分配。资金分配按照因素法进行测算，因素和权重为：相关人群数量及结构30%、相关人群收入30%、政策因素30%、绩效等考核结果10%，并进行综合平衡。各项任务按照上述因素分别确定具体测算指标。"三西"农业建设任务按照国务院批准的规模安排。

衔接资金应当统筹安排使用，形成合力。综合考虑脱贫县规模和分布，实行分类分档支持。对国家乡村振兴重点帮扶县及新疆维吾尔自治区、西藏自治区予以倾斜支持。东部地区应结合实际将衔接资金主要用于吸纳中西部脱贫人口跨省就业。中西部地区继续按规定开展统筹整合使用财政涉农资金试点工作的脱贫县，资金使用按照统筹整合有关要求执行。

各省在分配衔接资金时，要统筹兼顾脱贫县和非贫困县实际情况，推动均衡发展。衔接资金项目审批权限下放到县级，强化县级管理责任，县级可统筹安排不超过30%的到县衔接资金，支持非贫困村发展产业、补齐必要的基础设施短板及县级乡村振兴规划相关项目。

（三）衔接资金的使用

在衔接资金的使用上，坚持下放权限和强化管理相结合，将衔接资金项目审批权限继续下放到县级，并赋予更大自主权，明确县级可统筹安排不超过30%的到县衔接资金，支持非贫困村发展产业、补齐必要的基础设施短板和县级乡村振兴规划相关项目。

（四）衔接资金的监管

在衔接资金的监管上，要求各地要建立完善巩固拓展脱贫攻坚成果和乡村振兴项目库，提前做好项目储备，严格项目论证入库，衔接资金支持的项目原则上要从项目库选择。属于政府采购管理范围的项目，执行政府采购相关规定，村级微小型项目可按照村民民主议事方式直接委托村级组织自建自营。各地要加强衔接资金和项目管理，落实绩效管理要求，全面推行公开公示制度，加快预算执行，提高资金使用效益。

三、做好财政投入政策的有效衔接

（一）过渡期内的财政支持政策须总体保持稳定

要做好原财政专项扶贫资金的调整优化工作。动态调整，持续优化财政资金的支出结构，逐步提高用于发展乡村产业的比重。使用于巩固拓展脱贫攻坚和乡村振兴的财力保持稳定，功能更加聚焦，结构更加优化，绩效更加提升。继续鼓励县级财政涉农资金统筹使用，增强资金使用合力。

（二）过渡期内延续脱贫攻坚时期的税收政策

税收扶贫政策包括：针对中小微企业和农户类，比如增值税小规模纳税人销售额限额内免征增值税，小型微利企业减免企业所得税；税收政策通过减计收入、准备金税前扣除等方式，撬动金融资金，鼓励金融机构和小额贷款公司以农户和小微企业为对象，加大对扶贫开发的资金投入；针对扶贫捐赠类，个人通过公益性社会组织或国家机关的公益慈善事业捐赠个人所得税税前扣除；针对发展基础设施类，农村电网维护费免征增值税，国家重点扶持的公共基础设施项目企业所得税"三免三减半"等政策。这些税收优惠在脱贫攻坚阶段都发挥了良好作用，应在过渡期内延续并适时调整优化。

第二节 金融服务政策衔接

一、做好金融政策衔接

做好金融政策衔接，为乡村振兴把握服务导向。一是增强金融扶贫可持续能力。加强对现有金融精准扶贫政策的梳理，保持政策的连续性和可持续性，做好过渡期脱贫人口小额信贷工作，确保脱贫不脱帮扶、脱贫不脱政策、脱贫不脱项目。二是健全市场化运作机制。参与构建"政府引导、市场决定"的贫困治理体制机制，主动贯彻新发展理念，重点采用市场化金融手段，破解金融扶贫对财政补贴依赖问题，建立商业可持续金融扶贫模式。三是做好多方协同合作。加强与政府部门的协调配合，推动完善财政贴息、奖补、保费补贴等机制，形成银行、保险、担保等金融手段的组合运用，推动基础金融服务扩面提质。

二、做好信贷投放衔接

做好信贷投放衔接，为乡村振兴夯实资金保障。一是加强对接建档，倾斜信贷资源。加强新型农业经营主体客户对接建档，重点满足农业龙头企业、农民专业合作社、家庭农场等，从事农业规模化经营、品牌化营销等过程中的资金需求。二是创新授信模式，满足融资需求。全面对接辖内农业供销市场、农产品生产园区和农业生产加工基地，大力推广农业产业链、中小微企业联盟等支持模式，支持农户融入现代农业生产体系。三是量身定制产品，促进联合发展。支持有条件的农民专业合作社发展信用合作，根据农民合作社生产项目及资金需求特点，量身定做信贷产品，为其成员贷款提供沟通和增信担保的便利金融服务。

三、做好产业支持衔接

做好产业支持衔接，为乡村振兴打造强劲引擎。一是支持特色产业发展。注重产业后续长期培育，尊重市场规律和产业发展规律，提高产业市场竞争力和抗风险能力。以脱贫县为单位规划发展乡村特色产业，实施特色种养业提升行动，完善全产业链支持措施。加快脱贫地区农产品和食品仓储保鲜、冷链物流设施建设，支持农产品流通企业、电商、批发市场与区域特色产业精准对接。二是支持新型产业发展。围绕乡村新产业新业态，大力支持现代农业、旅游农业、乡村民宿等涉农产业，创新开发休闲农业、特色小镇等领域专属信贷产品，充分发掘乡村地区特色资源。三是支持产业融合发展。围绕农村产业融合发展示范园、农村产品融合先导区建设，持续加强金融支持农村一二三产业融合发展力度，促进农业产业链和价值链延伸。

四、做好资源要素衔接

做好资源要素衔接，为乡村振兴注入核心动能。一是拓宽担保方式，畅通资源渠道。稳步推广"两权"抵押贷款，加强与省农担、省担保、省再担保等三大省级担保平台合作，着力解决涉农客户缺抵押、没担保难题。二是创新服务模式，提升服务质效。发挥点多面广人熟优势，做实村银共建、整村授信、批量获客服务，全力满足辖内农户、个体工商户、外出务工人员等资金需求。三是搭建合作平台，强化科技运用。对接当地政府部门、互联网公司等合作平台，有效利用"利农购"平台，提升农村金融数字化、便利化水平。同时，加强对农户的金融启蒙和教育，定向开展金融知识宣传，培养金融新观念。

五、探索农产品期货期权和农业保险联动

2016—2020年，中央一号文件连续5年提出稳步扩大"保险+期货"试点。试点中，从价格险转型收入险，从"保险+期货"到产业链服务平台，探索的正是"健全符合我国农业发展

特点的支持保护政策体系和农村金融服务体系"。围绕中央"探索开展重要农产品目标价格保险"和"探索粮食作物完全成本保险和收入保险试点"的要求，收入险逐渐成为"保险+期货"的主推模式。据中国期货业协会统计，截至 2020 年底，我国期货经营机构在贫困地区累计开展"保险+期货"试点 622 个，名义本金约 188.26 亿元。大连商品交易所累计引导 65 家期货公司、14 家保险公司、10 家商业银行开展了 359 个"保险+期货"项目，覆盖玉米、大豆等品种现货量 1 065 万吨、种植面积 2 492 万亩，惠及 27 个省 112 万农户。五年试点主要是探索保费分担比例，尤其是收入险试点以来，赔付率较高，实行中央财政补贴势在必行。

"保险+期货"试点给出了一个结论：收入险是农业保险转型升级的方向，也是建立"农业生产风险分散机制"、探索建立"标准化农业保险运行体系"的手段之一。中央的肯定写进了 2021 年 2 月 21 日发布的中央一号文件《中共中央　国务院关于全面推进乡村振兴加快农业农村现代化的意见》中，文件把 5 年的稳步扩大试点提法首次改为"发挥'保险+期货'在服务乡村产业发展中的作用"。紧接着在 3 月 22 日发布的《中共中央　国务院关于实现巩固拓展脱贫攻坚成果同乡村振兴有效衔接的意见》中，首次提出"探索农产品期货期权和农业保险联动"。期货期权与农业保险的联动做法得到鼓励。

第三节　土地支持政策衔接

土地是稀缺资源，耕地是我国最为宝贵的资源，更是数以亿计农民的安身立命之本。我国人多地少的基本国情，决定了我们必须把关系十几亿人吃饭大事的耕地保护好，绝不能有闪失。在巩固脱贫攻坚成果与乡村振兴有效衔接的过渡期，应坚持最严格耕地保护制度，强化耕地保护主体责任，严格控制非农建设占用耕地，坚决守住18亿亩耕地红线。

一、坚持最严格耕地保护制度

坚持严保严管。强化耕地保护意识，强化土地用途管制，强化耕地质量保护与提升，坚决防止耕地占补平衡中补充耕地数量不到位、补充耕地质量不到位的问题，坚决防止占多补少、占优补劣、占水田补旱地的现象。

一是严格控制建设占用耕地。加强土地规划管控和用途管制。充分发挥土地利用总体规划的整体管控作用，从严核定新增建设用地规模，优化建设用地布局，从严控制建设占用耕地特别是优质耕地；严格永久基本农田划定和保护。全面完成永久基本农田划定，将永久基本农田划定作为土地利用总体规划的规定内容。永久基本农田一经划定，任何单位和个人不得擅自占用或改变用途。强化永久基本农田对各类建设布局的约束，一般建设项目不得占用永久基本农田；以节约集约用地缓解建设占用耕地压力，盘活利用存量建设用地，促进城镇低效用地再开发，引导产能过剩行业和"僵尸企业"用地退出、转产和兼并重组。强化节约集约用地目标考核和约束，推动有条件的地区实现建设用地减量化或零增长，促进新增建设不占或尽量少占耕地。

二是改进耕地占补平衡管理。严格落实耕地占补平衡责任。完善耕地占补平衡责任落实机制。非农建设占用耕地的，建设单位必须依法履行补充耕地义务，无法自行补充数量、质量相当耕地的，应当按规定足额缴纳耕地开垦费。地方各级政府负责组织实施土地整治，通过土地整理、复垦、开发等推进高标准农田建设，增加耕地数量、提升耕地质量，以县域自行平衡为主、以省域内调剂为辅、以国家适度统筹为补充，落实补充耕地任务；大力实施土地整治，落实补充耕地任务。拓展补充耕地途径，统筹实施土地整治、高标准农田建设、城乡建设用地增减挂钩、历史遗留工矿废弃地复垦等，新增耕地经核定后可用于落实补充耕地任务。鼓励地方统筹使用相关资金实施土地整治和高标准农田建设；严格补充耕地检查验收。严格新增耕地数量认定，依据相关技术规程评定新增耕地质量。省级政府要做好对市县补充耕地的检查复核，确保数量、质量到位。

三是推进耕地质量提升和保护。大规模建设高标准农田。各地要根据全国高标准农田建设总体规划和全国土地整治规划的安排，逐级分解高标准农田建设任务。建立政府主导、社会参与的工作机制，以财政资金引导社会资本参与高标准农田建设。加强高标准农田后期管护，落实高标准农田基础设施管护责任；实施耕地质量保护与提升行动。全面推进建设占用耕地耕作层剥离再利用，提高补充耕地质量。将中低质量的耕地纳入高标准农田建设范围，实施提质改造，在确保补充耕地数量的同时，提高耕地质量。加强新增耕地后期培肥改良，开展退化耕地综合治理、污染耕地阻控修复等，有效提高耕地产能；统筹推进耕地休养生息。加强轮作休耕耕地管理，加大轮作休耕耕地保护和改造力度，因地制宜实行免耕少耕、深松浅翻、深施肥料、粮豆轮作套作的保护性耕作制度，实现用地与养地结合，多措并举保护提升耕地产能；加强耕地质量调查评价与监测。完善耕地质量和耕地产能评价制度，定期对全国耕地质量和耕地产能水平进行全面评价并发布评价结果。完善土地调查监测体系和耕地质量监测网络。

四是健全耕地保护补偿机制。加强对耕地保护责任主体的补偿激励。统筹安排资金，按照谁保护、谁受益的原则，加大耕地保护补偿力度。鼓励地方统筹安排财政资金，对承担耕地保护任务的农村集体经济组织和农户给予奖补。奖补资金发放要与耕地保护责任落实情况挂钩；实行跨地区补充耕地的利益调节。在生态条件允许的前提下，支持耕地后备资源丰富的国家重点扶贫地区有序推进土地整治增加耕地，补充耕地指标可对口向省域内经济发达地区调剂。支持占用耕地地区在支付补充耕地指标调剂费用的基础上，通过实施产业转移、支持基础设施建设等多种方式，对口扶持补充耕地地区，调动补充耕地地区保护耕地的积极性。

二、完善农村土地管理制度

总结农村土地征收、集体经营性建设用地入市、宅基地制度改革试点经验，逐步扩大试点。建立健全依法公平取得、节约集约使用、自愿有偿退出的宅基地管理制度。在符合规划和用途管制的前提下，赋予农村集体经营性建设用地出让、租赁、入股权能，明确入市范围和途径。建立集体经营性建设用地增值收益分配机制。

一是大力推进房地一体调查。各地要推进农村房地一体的不动产权籍调查工作，查清每宗宅基地、集体建设用地的权属、界址、位置、面积、用途及农房等地上建筑物、构筑物的基本情况，并建立数据库，为农村房地一体确权登记提供基础支撑。对于"一户多宅"、超面积占地或没有土地权属来源材料的宅基地和集体建设用地，要在"遵照历史、照顾现实、依法依规、公平合理"原则的基础上，按照《国土资源部关于进一步加快宅基地和集体建设用地确权登记发证有关问题的通知》（国土资发〔2016〕191 号）的相关规定予以妥善处理，依法办理房地一体的不动产登记手续，切实维护农村群众合法权益，为实施乡村振兴战略提供产权保障和融资条件。有条件的地方在乡镇建立不动产登记服务站，将不动产登记业务向下延伸，实现就近就地登记发证。

二是统筹推进农村土地征收制度、集体经营性建设用地入市、宅基地制度改革。要始终把维护好、实现好、发展好农民权益作为出发点和落脚点，坚持土地公有制性质不改变、耕地红线不突破、农民利益不受损 3 条底线，在试点基础上有序推进。平衡好国家、集体、个人三者利益，探索土地增值收益分配机制，增加农民土地财产性收益，形成可复制、可推广的制度性成果。在落实宅基地集体所有权、保障宅基地农户资格权和农民房屋财产权、适度放活宅基地和农民房屋使用权的情况下，鼓励有条件的地方结合实际，积极探索农村宅基地所有权、资格权、使用权"三权分置"，落实宅基地集体所有权，保障宅基地农户资格权和农民房屋财产权，适度放活宅基地和农民房屋使用权。

三是推进利用集体建设用地建设租赁住房试点。利用集体建设用地建设租赁住房，有助于拓展集体土地用途，拓宽集体经济组织和农民增收渠道。鼓励试点地区村镇集体经济组织自行开发运营，也可以通过联营、入股等方式建设运营集体租赁住房。兼顾政府、农民集体、企业和个人利益，理清权利义务关系，平衡项目收益与征地成本关系。完善合同履约监管机制，土地所有权人和建设用地使用权人、出租人和承租人依法履行合同和登记文件中所载明的权利和义务。试点城市国土资源部门要优化用地管理环节，对宗地供应计划、签订用地合同、用地许可、不动产登记、项目开竣工等环节实行全流程管理。通过改革试点，在试点城市成功运营一批集体租赁住房项目，完善利用集体建设用地建设租赁住房规则，形成一批可复制、可推广的改革成果，为构建城乡统一的建设用地市场提供支撑。

三、完善农村新增建设用地保障机制

以国土空间规划为依据，按照应保尽保原则，新增建设用地计划指标优先保障巩固拓展脱贫攻坚成果和乡村振兴用地需要，过渡期内专项安排脱贫县年度新增建设用地计划指标，专项指标不得挪用；原深度贫困地区计划指标不足的，由所在省份协调解决。

一是发挥土地利用总体规划的引领作用。各地区在编制和实施土地利用总体规划中，要适应现代农业和农村产业融合发展需要，优先保障巩固拓展脱贫攻坚成果和乡村振兴用地需要，乡（镇）土地利用总体规划可以预留一定比例规划建设用地指标，用于零星分散的单独选址农业设施、乡村旅游设施等建设。做好农业产业园、科技园、创业园用地安排，在确保农地农用的前提下，引导农村第二、第三产业向县城、重点乡镇及产业园区等集聚，合理保障农业产业园区建设用地需求，严防变相搞房地产开发的现象出现。省级国土资源主管部门制定用地控制标准，加强实施监管。

二是因地制宜编制村土地利用规划。在充分尊重农民意愿的前提下，组织有条件的乡镇，以乡镇土地利用总体规划为依据，以"不占用永久基本农田、不突破建设用地规模、不破坏生态环境和人文风貌"与"控制总量、盘活存量、用好流量"为原则，

开展村土地利用规划编制工作，科学安排农业生产、村庄建设、产业发展和生态保护等用地。乡村振兴、土地整治和特色景观旅游名镇名村保护的地方及建档立卡贫困村，应优先组织编制村土地利用规划。村土地利用规划应引导村民委员会全程参与，充分发挥村民自治组织作用。

三是鼓励土地复合利用。支持各地结合实际探索土地复合利用，建设田园综合体，发展休闲农业、乡村旅游、农业教育、农业科普、农事体验、乡村养老院等产业，因地制宜拓展土地使用功能。

四、继续开展增减挂钩节余指标政策

过渡期内，对脱贫地区继续实施城乡建设用地增减挂钩节余指标省内交易政策；在东西部协作和对口支援框架下，对现行政策进行调整完善，继续开展增减挂钩节余指标跨省域调剂。

第四节　人才智力支持政策衔接

人才是打赢脱贫攻坚战和推动乡村振兴战略的核心动能，要延续脱贫攻坚期间各项人才智力支持政策，建立健全引导各类人才服务乡村振兴长效机制。

一、多渠道引进人才

实施专业人才引进计划。立足乡村振兴对人才的需求，不断深化人才制度改革，加大对农业科技、乡村规划、农业营销领军人才的引进力度，积极引进东部沿海发达地区参与过现代乡村建设、尤其是主持编制乡村规划的专业人才，鼓励支持各地对引进

的高素质专业人才实行职业经理人制度，按照市场化标准给予薪酬。围绕乡村振兴产业布局，推行"人才项目""人才产业"精准引才用才模式，引进项目、产业的同时，一并引进企业和人才团队。鼓励和引导各方面人才向国家乡村振兴重点帮扶县基层流动。

二、实施"雁归人员"回引工程

加快建设一批县域返乡入乡创业园，推动要素聚集、政策集成、服务集合，打造农村创业创新升级版，精心筑巢引凤。出台返乡创业就业激励政策，推动和引导有资本、技术和创业经验的在外能人返乡创新创业，带动更多先进生产要素向乡村集聚，努力营造外出务工人员返乡创业就业的良好氛围。加大易地扶贫搬迁点人力资源开发力度，尽快让人口"包袱"转变为人才红利。

三、巩固拓展乡村教师队伍建设成果

落实《教育部等六部门关于加强新时代乡村教师队伍建设的意见》（教师〔2020〕5号），继续实施农村义务教育阶段学校教师特设岗位计划、中小学幼儿园教师国家级培训计划、银龄讲学计划、乡村教师生活补助政策，优先满足脱贫地区对高素质教师的补充需求，提高乡村教师队伍整体素质。在脱贫地区增加公费师范生培养供给，推进义务教育教师县管校聘改革，加强城乡教师合理流动和对口支援，鼓励乡村教师提高学历层次。启动实施中西部欠发达地区优秀教师定向培养计划，组织部属师范大学和省属师范院校，定向培养一批优秀师资。加强对脱贫地区校长的培训，着力提升管理水平。加强教师教育体系建设，建设一批国家师范教育基地和教师教育改革实验区，推动师范教育高质量发展与巩固拓展教育脱贫攻坚成果、实施乡村振兴相结合。深化人工智能助推教师队伍建设试点。切实保障义务教育教师工资待遇。

四、实施高校基层成长计划

继续实施"三区"（边远贫困地区、边疆民族地区和革命老区）人才支持计划，深入推进大学生村官工作，因地制宜实施"三支一扶"、高校毕业生基层成长等计划，开展乡村振兴"巾帼行动""青春建功行动"。构建引导和鼓励高校毕业生到基层工作的长效机制。加大高校毕业生"三支一扶"计划招募力度。全面落实好高校毕业生"三支一扶"计划相关政策，将符合条件的优先推荐纳入高校毕业生基层成长计划后备人才库。专门为乡村发展引进优秀高校毕业生，并配套相应的培养支持政策。鼓励支持高校毕业生返乡创业，对创办企业的，要尽量简化程序、手续，并给予创业扶持政策。

五、免费培养农村订单定向医学生

2010年，为了加强以全科医生为重点的基层医疗卫生队伍建设，国家发展改革委等五部门联合发文启动实施农村订单定向医学生免费培养工作。10年来，全国先后有30个省份开展了这项工作，共113所高校承担培养任务，其中，中央财政累计投入15亿元，为中西部乡镇卫生院培养了近5.7万名定向医学生，从规模上实现了为中西部每个乡镇卫生院培养1名从事全科医疗本科医学生的全覆盖。在巩固脱贫攻坚与乡村振兴有效衔接的过渡期，继续实施全科医生特岗和农村订单定向医学生免费培养计划优先向中西部地区倾斜。

六、加强乡村干部队伍建设

加强乡村工作队伍建设，提高乡村干部队伍能力。要把懂农业、爱农村、爱农民作为基本要求，加强乡村工作干部队伍的培养、配备、管理、使用。各级党委和政府主要领导干部要懂乡村工作、会抓乡村工作。其中，关键是加强乡镇干部、村干部队伍建设。乡镇干部是党在农村基层的执政骨干、联系群众的桥梁和纽带，村干部是农民群众的"领头雁"，"上面千条线，下面一根针"，乡镇干部、村干部就是那根须臾不可离的"绣花针"。要进一步激发乡镇干部、村干部、干事的创业热情，充分发挥他们在乡村振兴中的关键作用。

七、广泛培养乡土人才

对各地存量人才进行摸底，把退役军人、高中以上毕业生、外出务工返乡有一技之长的人员、企业下岗人员以及各领域能工巧匠、传统技艺传承人作为乡土人才培育对象，邀请"三农"领域的专家学者和"土专家""田秀才"集中进行系统培训，提升乡土人才文化素质、生产劳动技能，使之成为实践操作经验丰富的农村实用人才。

八、大力培育新型职业农民

全面建立职业农民制度，培养新一代爱农业、懂技术、善经营的新型职业农民，优化农业从业者结构。培养一批农村实用人才带头人。针对农村实用人才队伍整体素质偏低、示范带动能力不强的状况，以村组干部、农民专业合作组织负责人、大学生村官为重点，着力培养乡村振兴急需的带头人队伍。不断探索农村实用人才带头人培养新办法、新途径。各省（区、市）要积极组织开展本地农村实用人才带头人培养工作。着力加强农村实用人才带头人带头致富和带领农民群众实施乡村振兴的能力，努力造就一大批勇于创业、精于管理、能够带领群众致富的复合型人才。全面培养农村生产型人才。适应农业规模化、专业化发展趋势和产业结构调整的需要，着眼于提高土地产出率、资源利用率和劳动生产率，以中青年农民、返乡创业者和农村女性劳动者为重点，着力培养农村生产型人才。培养乡村产业发展急需的种植、养殖、加工能手。注重在各类农业产业项目实施过程中培养农村生产型人才。支持农村专业技术协会开展农业实用技术咨询、技术指导与技术培训，充分发挥农村专业技术协会在培养农村实用人才中的作用。积极开展农业实用技术交流活动，鼓励农业技术骨干、科技示范户、种养能手开办农家课堂，进行现场技术指导。积极培养农村经营型人才。适应农业产业化和市场化发展要求，以提高经营管理水平和市场开拓能力为核心，以农村经纪人和农民专业合作组织负责人为重点，着力培养农村经营型人才。依托农产品市场体系建设，加大对农产品经纪人的培养力度，提高其营销能力，促进农产品流通，活跃农村市场。加大对农民专业合作组织带头人的培养力度，提高其组织带动能力、专业服务能力和市场应变能力，引导农民专业合作组织规范发展；鼓励和支持农村实用人才带头人牵头建立专业合作组织，积极扶持农村实用人才创业兴业。加快培养农村技能服务型人才。适应农业产业化、标准化、信息化、专业化的发展需要，以提高职业技能为核心，加快培养动物防疫员、植物病虫害综合防治员、农村信息员、农产品质量安全检测员、肥料配方师、农机驾驶操作和维修能手、农村能源工作人员以及农产品加工仓储运输人员、畜禽繁殖服务人员等各类农村技能服务型人才。完善以职业院校、广播电视学校、技术推广服务机构等为主体，学校教育与企业、农民专业合作组织紧密联系的农村技能服务型人才培养体系。

九、多形式使用人才

配强三农队伍。把优秀人才充实到"三农"战线，把精锐力量充实到基层一线，把熟悉"三农"工作的干部充实进地方各级党政班子，确保地方党委和政府主要负责同志懂"三农"工作、会抓"三农"工作，分管负责同志成为"三农"工作的行家里手。加大农业领域高层次人才引进和科技副职选派力度，对农业科技推广人员探索"县管乡用、下沉到村"的新机制，全面选派乡村指导员，建立城市医生、教师、科技人员定期服务乡村机制，推动各类人才向农村流动。对巩固拓展脱贫攻坚成果和乡村振兴任务重的村，继续选派驻村第一书记和工作队，健全常态化驻村工作机制。

十、鼓励自主创业

认真执行落实鼓励支持有关人员到贫困地区领创龙头企业或合作社的工作要求，进一步放宽机关单位专业技术人才离岗或在职领办（创办）企业条件，积极帮助解决融资贷款、流转土地、资格申请等方面的问题，给予更大力度的税收补贴等政策优惠，鼓励支持更多机关单位专业技术人员离岗或在职领办（创办）农民专业合作社、种养企业、家庭农场或农产品加工企业，在经济待遇、政治待遇、荣誉表彰、职称评定等方面给予政策倾斜。加大与科研院所、高等院校合作，创新合作机制，建立专家工作站、人才实践平台，推进农业科技研发、课题攻坚、成果转化，聚力乡村创新。

第七章 脱贫攻坚与乡村振兴工作机制的有效衔接

第一节 做好领导体制衔接

一、脱贫攻坚责任体系

在坚决打赢脱贫攻坚战中，为了全面落实脱贫攻坚责任制，按照中央统筹、省负总责、市县抓落实的工作机制，构建了责任清晰、各负其责、合力攻坚的责任体系。实践证明，"中央统筹、省负总责、市县抓落实"的领导责任体系，对全面打赢脱贫攻坚战切实可行。

（一）中央统筹

党中央、国务院主要负责统筹制定脱贫攻坚大政方针，出台重大政策举措，完善体制机制，规划重大工程项目，协调全局性重大问题、全国性共性问题。

国务院扶贫开发领导小组负责全国脱贫攻坚的综合协调，建立健全扶贫成效考核、贫困县约束、督查巡查、贫困退出等工作机制，组织实施对省级党委和政府扶贫开发工作成效考核，组织开展脱贫攻坚督查巡查和第三方评估，将有关情况向党中央、国务院报告。

国务院扶贫开发领导小组建设精准扶贫精准脱贫大数据平台，建立部门间信息互联共享机制，完善农村贫困统计监测体系。

有关中央和国家机关按照工作职责，运用行业资源落实脱贫攻坚责任，按照《贯彻实施〈中共中央、国务院关于打赢脱贫攻坚战的决定〉重要政策措施分工方案》要求制定配套政策并组织实施。

中央纪委机关对脱贫攻坚进行监督执纪问责，最高人民检察院对扶贫领域职务犯罪进行集中整治和预防，审计署对脱贫攻坚政策落实和资金重点项目进行跟踪审计。

（二）省负总责

省级党委和政府对本地区脱贫攻坚工作负总责，并确保责任制层层落实；全面贯彻党中央、国务院关于脱贫攻坚的大政方针和决策部署，结合本地区实际制定政策措施，根据脱贫目标任务制定省级脱贫攻坚滚动规划和年度计划并组织实施。省级党委和政府主要负责人向中央签署脱贫责任书，每年向中央报告扶贫脱贫进展情况。

省级党委和政府应当调整财政支出结构，建立扶贫资金增长机制，明确省级扶贫开发投融资主体，确保扶贫投入力度与脱贫攻坚任务相适应；统筹使用扶贫协作、对口支援、定点扶贫等资源，广泛动员社会力量参与脱贫攻坚。

省级党委和政府加强对扶贫资金分配使用、项目实施管理的检查监督和审计，及时纠正和处理扶贫领域违纪违规问题。

省级党委和政府加强对贫困县的管理，组织落实贫困县考核机制、约束机制、退出机制；保持贫困县党政正职稳定，做到不脱贫不调整、不摘帽不调离。

（三）市县抓落实

市级党委和政府负责协调域内跨县扶贫项目，对项目实施、资金使用和管理、脱贫目标任务完成等工作进行督促、检查和监督。

县级党委和政府承担脱贫攻坚主体责任，负责制定脱贫攻坚实施规划，优化配置各类资源要素，组织落实各项政策措施，县级党委和政府主要负责人是第一责任人。

县级党委和政府应当指导乡、村组织实施贫困村、贫困人口建档立卡和退出工作，对贫困村、贫困人口精准识别和精准退出情况进行检查考核。

县级党委和政府应当制定乡、村落实精准扶贫精准脱贫的指导意见并监督实施，因地制宜，分类指导，保证贫困退出的真实性、有效性。

县级党委和政府应当指导乡、村加强政策宣传，充分调动贫困群众的主动性和创造性，把脱贫攻坚政策措施落实到村到户到人。

县级党委和政府应当坚持抓党建促脱贫攻坚，强化贫困村基层党组织建设，选优配强和稳定基层干部队伍。

县级政府应当建立扶贫项目库，整合财政涉农资金，建立健全扶贫资金项目信息公开制度，对扶贫资金管理监督负首要责任。

二、构建职责明晰的乡村振兴责任体系

在巩固脱贫攻坚成果与乡村振兴有效衔接的关键时期，要将脱贫攻坚领导体系衔接到乡村振兴中来。健全中央统筹、省负总责、市县乡抓落实的工作机制，构建责任清晰、各负其责、执行

有力的乡村振兴领导体制，层层压实责任。充分发挥中央和地方各级党委农村工作领导小组作用，建立统一高效的实现巩固拓展脱贫攻坚成果同乡村振兴有效衔接的决策议事协调工作机制。

（一）实行中央统筹、省负总责、市县乡抓落实的农村工作领导体制

党中央定期研究农村工作，每年召开农村工作会议，根据形势任务研究部署农村工作，制定出台指导农村工作的文件。党中央设立中央农村工作领导小组，在中央政治局及其常务委员会的领导下开展工作，对党中央负责，向党中央和总书记请示报告工作。各省（区、市）党委和政府每年向党中央、国务院报告乡村振兴战略实施情况，省以下各级党委和政府每年向上级党委和政府报告乡村振兴战略实施情况。各级党委应当完善农村工作领导决策机制，注重发挥人大代表和政协委员的作用，注重发挥智库和专业研究机构的作用，提高决策科学化水平。

（二）坚持五级书记抓乡村振兴

制定落实五级书记抓乡村振兴实施细则，省、市党委书记履行好主体责任，牵头抓好目标制定、资金投入、考核监督、督促检查等工作；县委书记要把主要精力放在农村工作上，当好乡村振兴一线总指挥，及时研究解决"三农"重大问题，做好组织实施；乡镇党委书记发挥好关键作用，集中精力抓重点工作、重点任务落实；村党组织书记立足本村实际，积极主动开展工作，推动各项措施落地。要将基层党建与脱贫攻坚成效巩固、乡村振兴同研究、同部署、同推动，建立客观反映乡村振兴进展的指标和统计体系，对各地实施乡村振兴战略情况进行动态监测、分级评价。出台党政领导班子和领导干部推进乡村振兴战略的实绩考核意见，并加强考核结果应用。

（三）强化行业部门的联动协作

建立"五大振兴"工作专班，明确由农业农村部门负责产业振兴、组织部门负责人才振兴和组织振兴、宣传部门负责文化振兴、环保部门负责生态振兴，督促其对各自的领域负责，确保行业部门政策落到实处，努力形成党委统一领导、各部门积极参与、齐抓共促的工作格局，坚决把党管农村工作的要求落到实处。建立各行业部门联动协调机制，加大对边缘人口和特殊困难群体防贫监测预警，监测识别存在返贫风险的脱贫人口和新增贫困风险因素，制定针对化的措施，开展"精准化"的巩固提升。

（四）凝聚各方力量参与乡村振兴

动员和凝聚全社会力量广泛参与。要将"一个不能少"的理念贯彻到乡村振兴的全过程，建立统一的要素资源配置体系，整合各类要素资源，优化帮扶措施和要素投入机制，着力构建区域性党建协同体系。要通过结对联合共建，实施机关帮乡村、企业帮村、富村帮穷村、强村帮弱村的联合党组织模式，强化协同作战职能，激发机关企业富村强村责任感，激活穷村弱村发展活力。脱贫攻坚实践证明，驻村工作机制既能解决基层党组织力量薄弱短板，又能有效锻炼一批干部。在推进乡村振兴中，要继续开展结对帮扶工作，党委主要领导带头、单位支部结对、党员干部帮扶，将"扶贫工作队"转为"乡村振兴工作队"，健全队伍动态调整机制，完善考核选拔任用制度。

（五）突出农民的主体作用

实施乡村振兴战略，核心是解决"三农"问题。无论是发展产业，还是引进投资，或者是资本合作，都不能忽视农民这个重要群体，都要始终以维护农民的核心利益为基本原则。因而，在推动乡村振兴进程中，必须始终坚持农民主体地位不动摇，始终把农民的切身利益摆在首位，绝不能以牺牲农民的利益来换取乡村的繁荣发展。要树立农民是乡村振兴实践的参与主体、成果的享受主体和效果的评价主体理念，任何一个环节都要始终坚持农民受益这一标准，这是农民主体地位的充分体现。要充分发挥群众的主观能动性，激发群众内生动力。

第二节　做好工作体系衔接

一、持续建强基层组织体系

党的农村基层组织是党在农村基层组织中的战斗堡垒，是党在农村的全部工作和战斗力的基础。要将党的领导的政治优势转化为抓乡村振兴的行动优势，汇聚全党全社会力量推进乡村全面振兴。

（一）强化政治引领

强化农村基层党组织的领导核心地位，充分发挥基层党组织政治功能，使农村基层党组织成为落实党的路线方针政策和各项工作任务的坚强战斗堡垒。突出政治引领，进一步加强政治建设和思想建设。深入推进"两学一做"学习教育常态化制度化，扎实开展"不忘初心、牢记使命"主题教育，不断加强党内教育，组织农村基层党组织和广大党员用党的创新理论武装头脑，牢固树立"四个意识"，坚定"四个自信"，做到"四个服从"，坚持党要管党、全面从严治党，以提升组织力为重点，突出政治功能，努力成为宣传党的主张、贯彻党的决定、领导基层治理、团结动员群众、推动改革发展的坚强战斗堡垒。

（二）构建严密的基层组织体系

推进脱贫攻坚与乡村振兴有效衔接，必须形成上下贯通、执行有力的严密组织体系，使党的领导"如身使臂，如臂使指"。要进一步推动党的组织有效嵌入农村各类社会基层组织，使党的工作有效覆盖农村社会各类群体，加强村民自治组织和群团组织建设，规范村务监督委员会运行机制，建立健全农村集体经济组织。

（三）常态化整顿软弱涣散基层党组织

紧紧围绕巩固脱贫成果、促进乡村振兴，常态化、长效化开展软弱涣散村党组织整顿工作，采取有力措施，明确整治重点，精准整治对象，集中力量突破重点难点问题，打好"当下改"和"长久立"的组合拳。建立软弱涣散基层党组织"五级预警"机制，积极构建基层党建工作的常态化格局，切实推动基层党组织全面进步全面过硬。

（四）高标准推进支部标准化规范化建设

围绕农村党支部标准化规范化建设标准，结合村级组织建设"一任务两要点三清单"，针对党支部建设涉及的基本组织、基本队伍、基本载体、基本保障、基本制度等内容，制定"一支部、一策略、一责任人"精准推进措施，在农村领域持续推动村党支部标准化规范化建设。各地可探索建立市县乡党委（党组）书记和班子成员联系村级党支部工作，推动各级党组织带头履行"第一责任人"和"一岗双责"责任，找准"点"、连好"线"、带动"面"，切实发挥党员领导干部在党支部建设中的示范带动作用，提高基层党支部建设质量。

二、全力推动村级集体经济发展提质增效

（一）精准选好特色优势产业

坚持质量兴农、绿色兴农，以农业供给侧结构性改革为

主线，用好用活产业革命"八要素""五个三"工作要求，加快建成能够助推产业兴旺和支撑乡村振兴的基础性工程——集体经济。各村顺应产业发展规律，围绕本地优势和特色资源，牢牢把握产业革命"八要素"，紧紧围绕生态茶、生态畜牧业、中药材、蔬果、食用菌、油茶等特色产业，积极打造"一县一业""一乡一特""一村一品"的特色产业经营体系。在产业配置上实现长效主导产业和短效特色产业间精准有序衔接，逐步促进一二三产业融合发展，让农民更多分享产业增值收益。

（二）全面推广"村社合一"模式

采取"清产核资、动员申请入社、社员变股东、折股量化、推选股东代表、选举理事会监事会成员、登记赋码"步骤，完成"村社合一"规范组建，打牢"村社合一"的基础。广泛汇聚组织、社会、市场力量，推动生产力与生产关系高度契合，农村各种生产要素深度整合，农村供给侧与需求侧有机结合，实现组织化、市场化、社会化有效融合。

三、继续选派驻村第一书记和工作队

对脱贫村、易地扶贫搬迁安置村（社区），继续选派第一书记和工作队，将乡村振兴重点帮扶县的脱贫村作为重点，加大选派力度。对其中巩固脱贫攻坚成果任务较轻的村，可从实际出发适当缩减选派人数。各地要选择一批乡村振兴任务重的村，选派第一书记或工作队，发挥示范带动作用。对党组织软弱涣散村，按照常态化、长效化整顿建设要求，继续全覆盖选派第一书记。对其他类型村，各地可根据实际需要作出选派安排。

【知识链接】

严格人选把关

第一书记和工作队员人选的基本条件：政治素质好，坚决贯彻执行党的理论和路线方针政策，热爱农村工作；工作能力强，敢于担当，善于做群众工作，具有开拓创新精神；事业心和责任感强，作风扎实，不怕吃苦，甘于奉献；具备正常履职的身体条件。第一书记必须是中共正式党员，具有1年以上党龄和2年以上工作经历；工作队员应优先选派中共党员。

第一书记和工作队员主要从省市县机关优秀干部、年轻干部，国有企业、事业单位优秀人员和以往因年龄原因从领导岗位上调整下来、尚未退休的干部中选派，有农村工作经验或涉农方面专业技术特长的优先。中央和国家机关各部委、人民团体、中管金融企业、国有重要骨干企业和高等学校，有定点帮扶和对口支援结对任务的，每个单位至少选派1名优秀干部到村任第一书记。

选派第一书记和工作队员，按照个人报名和组织推荐相结合的办法，由派出单位组织人事部门提出人选，同级党委组织部门会同农办、农业农村部门及乡村振兴部门进行备案，派出单位党委（党组）研究确定。各地区各部门各单位党委（党组）及组织部门、农办、农业农村部门及乡村振兴部门，要严把人选政治关、品行关、能力关、作风关、廉洁关，充分考虑年龄、专业、经历等因素，确保选优派强。县级党委和政府要根据不同类型村的需要，对人选进行科学搭配、优化组合，发挥选派力量的最大效能。

第三节　做好规划实施和项目建设衔接

一、做好乡村振兴的规划引领

（一）长短结合制定规划

围绕各个时间节点，制定好长期与短期相结合的规划方案。长期规划重在明确方向、思路、政策，明确"实施乡村振兴战略"的规划主体，加强对规划工作的领导和指导，发挥规划过程中的统筹、协调作用，增强规划的可行性和长远性，让规划经得起时间和实践的检验。短期规划要定好举措、方法、路径，统筹考虑好产业布局、生态环保、文化建设、社会治理、村级活动场所等功能分布，确保规划的一体性、科学性、实用性。规划方案形成过程中要广泛征求乡村一级意见建议，确保聚民智顺民意。

（二）上下结合制定规划

国家层面对乡村振兴作出"四梁八柱"的政策设计，从制度和法规体系方面为乡村振兴保驾护航，基层在制定乡村振兴规划时，必须充分理解顶层设计对实施乡村振兴战略的重大意义、总体要求、目标任务、基本原则、具体内容、推进举措等，然后紧紧结合地方实际，分步分类制定发展规划，保持一张蓝图绘到底、一鼓作气抓到底。

（三）左右结合制定规划

乡村规划需要立足于一村，但不能偏安于一村，应联系左右村寨，把地形相同、产业相似、功能相近的村整合起来，抱团发展。值得警惕的是，乡村规划不能千篇一律，更不能搞"一刀切"、大而同，避免同质竞争。

二、做好重大举措和重大工程项目的衔接

各地区要将实现巩固拓展脱贫攻坚成果同乡村振兴有效衔接的重大举措纳入"十四五"规划,将持续巩固脱贫人口稳定就业、支持脱贫地区特色产业发展、易地搬迁后续帮扶等重大工程项目纳入"十四五"项目库以及相关的专项规划中,并分解落实到各个年度,细化重点工作和目标任务,分步有序组织实施。

三、编制"十四五"时期有效衔接规划

科学编制"十四五"时期巩固拓展脱贫攻坚同乡村振兴有效衔接的规划,做好与"十四五"规划纲要和相关专项规划的衔接,统筹财政投入、金融服务、土地支持、人才智力、产业项目、基础设施、公共服务等资源,用于支持巩固拓展脱贫攻坚成果和乡村振兴,强化规划的组织实施、监督落实,确保规划的各项目标任务落到实处。

【案例链接】

淇县:强化规划引领,促乡村振兴政策落实到位

河南省鹤壁市淇县认真学习贯彻落实中央农村工作会议、全国巩固拓展脱贫攻坚成果同乡村振兴有效衔接工作会议精神,科学编制了《淇县"十四五"巩固拓展脱贫攻坚成果同乡村振有效衔接兴战略规划》,形成城乡融合、区域一体、多规合一的规划体系,做到乡村振兴一张蓝图绘到底、巩固脱贫成果再加力,为"十四五"起好步、开好局,巩固拓展脱贫攻坚成果与乡村振兴有效衔接提供了有力保障。

完善资金投入政策，投入 3 200 万元，在全县集中打造 32 个乡村振兴示范村，持续推进乡村基础设施建设提档升级。

完善产业扶持政策，围绕乡村旅游、特色种养、特色加工、电子商务等四大类龙头产业，实施特色产业提升行动，规范利益联结机制，带动脱贫群众持续增收。

完善稳岗就业政策，全面摸清脱贫劳动力的就业意愿和底数，健全工作台账，持续做好职业技能培训、就业信息对接，促进脱贫人口稳定就业。

完善《村规民约》，有效规范村民自治，强化志智双扶，深入开展"话脱贫、感党恩、奋进新时代"主题活动，引导广大群众更加自觉感党恩、听党话、跟党走。

（摘编自人民网）

第四节　做好考核机制衔接

一、完善考核评价机制

脱贫攻坚任务完成后，脱贫地区开展乡村振兴考核时，要把巩固拓展脱贫攻坚成果纳入市县党政领导班子和领导干部推进乡村振兴战略实绩考核范围。

二、科学设置考核制度

科学的考核制度是推动工作落实的制度保障。要将脱贫攻坚中探索形成的部门职责、岗位目标、成效评估等管理模式衔接到乡村振兴中来，形成一套适合乡村振兴的考核机制，让乡村振兴始终在规范的制度内运行。

（一）建立部门职能与岗位职责相匹配的指标评价机制

乡村振兴是一盘大棋，涉及的行业部门众多，需要建立一个部门职能与岗位职责相匹配的指标评价机制，才能推动知责明责、履职尽责。在部门指标方面，紧紧围绕"产业振兴、人才振兴、文化振兴、生态振兴、组织振兴"目标任务，聚焦各部门主责主业，在充分调研和征求意见建议的基础上，将各地各部门实施乡村振兴的目标任务逐项列出来、项目化、清单化。在岗位指标方面，按照权责一致的原则，根据岗位类型、工作目标、岗位职责，将部门乡村振兴工作目标细化分解到具体岗位，科学合理制定可量化、可操作的岗位责任清单，明确岗位人员、职能职责、承担工作目标事项、具体工作要求、完成时限等细化到岗、落实到人，并采取自下而上的方式，建立责任工作承诺制，层层签订责任状，作为研判干部担当作为的主要依据。不管是部门指标还是岗位指标，都要纳入年初工作计划，上报督查督办部门，便于跟踪督促落实。

（二）建立年度考核与专项考核相统一的成效评估机制

乡村振兴涉及的"产业兴旺、生态宜居、乡风文明、治理有效、生活富裕"5个方面20字要求，每一个方面都需要项目来支撑。有的是短期项目，一年或几年内完成。有的是长期项目，贯穿于乡村振兴全过程。这就需要建立年度考核与专项考核相结合的灵活的评估机制，坚持把巩固拓展脱贫攻坚成果纳入市县党政领导班子和领导干部推进乡村振兴战略实绩考核范围。与高质量发展综合绩效评价做好衔接，科学设置考核指标，实现评价精准。对年度考核任务：纳入年度目标考核任务，实行一月一调度、半年一小结、年终考评的方式，动态跟踪任务完成情况。对专项考核任务：可根据任务的总体规划实行过程考核，分条块分时段进行考核。比如项目的规划、选址、基建、资金筹集、推进进度等，确保每个时段都按照计划进行。需要注意的是，考核应历史辩证、客观公正，既要看个人贡献与集体作用、主观努力与客观条件、任务完成与质量效益，又要看显绩与潜绩、发展成果与成本代价等情况，注重了解人民群众对项目实施的真实感受和评价，防止简单以任务完成情况确定考核结果。

（三）建立正向激励与负向惩戒相协调的动态监管机制

坚持正向激励与负向惩戒相结合，按照"接续保留一批、调整完善一批、转换退出一批"的思路，分类做好政策统筹衔接，形成奖惩分明的激励约束机制。在正向激励方面，严格执行落实关于激励干部担当作为的政策规定，把乡村一线作为培养锻炼干部的大熔炉，树立面向基层、崇尚实干的选人用人导向。提高乡村一线干部在评先选优中的比例，落实好优先选拔任用、职务与职级并行、经济待遇、健康体检、安全教育、带薪休假、购买保险和容错纠错等政策措施，真正让吃苦的吃香、优秀的优先、有为的有位、能干的能上，推动基层组织、干部人才、资源要素从脱贫攻坚向乡村振兴转移。建立组织部部务会成员与乡村一线干部谈心谈话制度，实现省遍访县、市遍访乡、县遍访村，及时掌握乡村一线干部思想工作动态，积极帮助解决存在难题。在负向惩戒方面，综合运用巡视巡察、审计审查、绩效管理、工作督查、相关部门业务考核等手段，加强对干部在乡村振兴中履职情况进行督促检查，对在履行部门和岗位职责中不作为、慢作为、乱作为、严重失职失责的干部，纳入领导干部负面清单，该调整的调整，该问责的问责。努力形成人人参与、人人尽责、人人共享的良好格局，为顺利推进乡村振兴凝聚磅礴力量。

三、强化考核结果运用

强化考核结果运用，要将考核结果作为干部选拔任用、评先奖优、问责追责的重要参考。

（一）将考核结果与干部选拔任用相结合

实事求是考核，让事实说话，将脱贫攻坚考核结果作为乡村振兴领导班子调整配备、干部选拔任用、补充人选等重要依据，让优秀的领导班子和领导干部涌现出来，也让运行状况不好、凝聚力不强的领导班子和不担当不作为的领导干部凸显出来，最大程度保证考核结果的科学性、真实性和准确性。在年度考核中考核评定为"优秀"等次的干部和"记三等功"的干部在干部调整配备工作中同等条件下优先考虑，领导干部年度考核结果为基本称职等次的，对其进行诫勉，限期改进，不断优化干部队伍配置，切实提高领导干部的能动性和创造力。

（二）将考核结果与干部评先奖优相结合

落实考核激励政策，将考核结果与科学发展业绩奖挂钩，把脱贫攻坚综合考核结果作为领导班子和领导干部评先评优的重要依据。乡镇、县直部门（单位）领导班子年度考核分优秀、一般和较差 3 个等次，领导班子被评为优秀等次的，其领导干部被评为优秀等次的比例可以适当上调，最高不超过30%；领导班子被评为一般等次的，领导干部不得评为优秀等次；领导班子为较差等次的，其领导干部不得评为优秀等次，主要负责人不得确定为称职及以上等次。乡镇、县直部门（单位）领导干部年度考核为优秀等次的，由县委县政府给予"嘉奖"并发放奖金，连续 3 年考核为优秀等次的领导干部，由县委县政府"记三等功"并发放奖金；考核为不称职和不定等次的，一律取消科学发展业绩奖。

（三）将考核结果与干部问责追责相结合

将考核结果通过个别谈话、工作通报、会议讲评等方式，实事求是地向领导班子和领导干部反馈。针对在脱贫攻坚考核中考核结果为一般及以下等次的领导班子和基本称职及以下等次的领导干部，及时约谈，追责问责，督促整改，并视情况取消评先评优、提拔任用资格等。

参考文献

苟文峰，2019. 乡村振兴的理论、政策与实践研究：中国"三农"发展迈入新时代 [M]. 北京：中国经济出版社.

贺雪峰，2018. 关于实施乡村振兴战略的几个问题 [J]. 南京农业大学学报（社会科学版），18（3）：19-26.

胡春晓，廖文梅，郑瑞强，等，2020. 脱贫攻坚与乡村振兴研究：典型模式衔接机制及推进路径 [M]. 北京：中国农业出版社.

黄承伟，2020. 脱贫攻坚与乡村振兴衔接：概论 [M]. 北京：人民出版社.

王海燕，2020. 新时代中国乡村振兴问题研究 [M]. 北京：社会科学文献出版社.

魏后凯，吴大华，2019. 精准脱贫与乡村振兴的理论和实践 [M]. 北京：社会科学文献出版社.

张红宇，2018. 乡村振兴战略简明读本 [M]. 北京：中国农业出版社.

张勇，2018.《乡村振兴战略规划（2018—2022 年）》辅导读本 [M]. 北京：中国计划出版社.

附录 《中共中央 国务院关于实现巩固拓展脱贫攻坚成果同乡村振兴有效衔接的意见》

(2020 年 12 月 16 日)

打赢脱贫攻坚战、全面建成小康社会后，要进一步巩固拓展脱贫攻坚成果，接续推动脱贫地区发展和乡村全面振兴。为实现巩固拓展脱贫攻坚成果同乡村振兴有效衔接，现提出如下意见。

一、重大意义

党的十八大以来，以习近平同志为核心的党中央把脱贫攻坚摆在治国理政的突出位置，作为实现第一个百年奋斗目标的重点任务，纳入"五位一体"总体布局和"四个全面"战略布局，作出一系列重大部署和安排，全面打响脱贫攻坚战，困扰中华民族几千年的绝对贫困问题即将历史性地得到解决，脱贫攻坚成果举世瞩目。到 2020 年我国现行标准下农村贫困人口全部实现脱贫、贫困县全部摘帽、区域性整体贫困得到解决。"两不愁"质量水平明显提升，"三保障"突出问题彻底消除。贫困人口收入水平大幅度提高，自主脱贫能力稳步增强。贫困地区生产生活条件明显改善，经济社会发展明显加快。脱贫攻坚取得全面胜利，提前 10 年实现《联合国 2030 年可持续发展议程》减贫目标，实现了全面小康路上一个都不掉队，在促进全体人民共同富裕的道路上迈出了坚实一步。完成脱贫攻坚这一伟大事业，不仅在中华民族发展史上具有重要里程碑意义，更是中国人民对人类文明和全球反贫困事业的重大贡献。

脱贫攻坚的伟大实践，充分展现了我们党领导亿万人民坚持和发展中国特色社会主义创造的伟大奇迹，充分彰显了中国共产党领导和我国社会主义制度的政治优势。脱贫攻坚的伟大成就，极大增强了全党全国人民的凝聚力和向心力，极大增强了全党全国人民的道路自信、理论自信、制度自信、文化自信。

这些成就的取得，归功于以习近平同志为核心的党中央坚强领导，习近平总书记亲自谋划、亲自挂帅、亲自督战，推动实施精准扶贫精准脱贫基本方略；归功于全党全社会众志成城、共同努力，中央统筹、省负总责、市县抓落实，省市县乡村五级书记抓扶贫，构建起专项扶贫、行业扶贫、社会扶贫互为补充的大扶贫格局；归功于广大干部群众辛勤工作和不懈努力，数百万干部战斗在扶贫一线，亿万贫困群众依靠自己的双手和智慧摆脱贫困；归功于行之有效的政策体系、制度体系和工作体系，脱贫攻坚政策体系覆盖面广、含金量高，脱贫攻坚制度体系完备、上下贯通，脱贫攻坚工作体系目标明确、执行力强，为打赢脱贫攻坚战提供了坚强支撑，为全面推进乡村振兴提供了宝贵经验。

脱贫摘帽不是终点，而是新生活、新奋斗的起点。打赢脱贫攻坚战、全面建成小康社会后，要在巩固拓展脱贫攻坚成果的基础上，做好乡村振兴这篇大文章，接续推进脱贫地区发展和群众生活改善。做好巩固拓展脱贫攻坚成果同乡村振兴有效衔接，关系到构建以国内大循环为主体、国内国际双循环相互促进的新发展格局，关系到全面建设社会主义现代化国家全局和实现第二个百年奋斗目标。全党务必站在践行初心使命、坚守社会主义本质要求的政治高度，充分认识实现巩固拓展脱贫攻坚成果同乡村振兴有效衔接的重要性、紧迫性，举全党全国之力，统筹安排、强力推进，让包括脱贫群众在内的广大人民过上更加美好的生活，朝着逐步实现全体人民共同富裕的目标继续前进，彰显党的根本宗旨和我国社会主义制度优势。

二、总体要求

（一）**指导思想**。以习近平新时代中国特色社会主义思想为指导，深入贯彻党的十九大和十九届二中、三中、四中、五中全会精神，坚定不移贯彻新发展理念，坚持稳中求进工作总基调，坚持以人民为中心的发展思想，坚持共同富裕方向，将巩固拓展脱贫攻坚成果放在突出位置，建立农村低收入人口和欠发达地区帮扶机制，健全乡村振兴领导体制和工作体系，加快推进脱贫地区乡村产业、人才、文化、生态、组织等全面振兴，为全面建设社会主义现代化国家开好局、起好步奠定坚实基础。

（二）**基本思路和目标任务**。脱贫攻坚目标任务完成后，设立5年过渡期。脱贫地区要根据形势变化，理清工作思路，做好过渡期内领导体制、工作体系、发展规划、政策举措、考核机制等有效衔接，从解决建档立卡贫困人口"两不愁三保障"为重点转向实现乡村产业兴旺、生态宜居、乡风文明、治理有效、生活富裕，从集中资源支持脱贫攻坚转向巩固拓展脱贫攻坚成果和全面推进乡村振兴。到2025年，脱贫攻坚成果巩固拓展，乡村振兴全面推进，脱贫地区经济活力和发展后劲明显增强，乡村产业质量效益和竞争力进一步提高，农村基础设施和基本公共服务水平进一步提升，生态环境持续改善，美丽宜居乡村建设扎实推进，乡风文明建设取得显著进展，农村基层组织建设不断加强，农村低收入人口分类帮扶长效机制逐步完善，脱贫地区农民收入增速高于全国农民平均水平。到2035年，脱贫地区经济实力显著增强，乡村振兴取得重大进展，农村低收入人口生活水平显著提高，城乡差距进一步缩小，在促进全体人民共同富裕上取得更为明显的实质性进展。

（三）主要原则。

——坚持党的全面领导。坚持中央统筹、省负总责、市县乡抓落实的工作机制，充分发挥各级党委总揽全局、协调各方的领导作用，省市县乡村五级书记抓巩固拓展脱贫攻坚成果和乡村振兴。总结脱贫攻坚经验，发挥脱贫攻坚体制机制作用。

——坚持有序调整、平稳过渡。过渡期内在巩固拓展脱贫攻坚成果上下更大功夫、想更多办法、给予更多后续帮扶支持，对脱贫县、脱贫村、脱贫人口扶上马送一程，确保脱贫群众不返贫。在主要帮扶政策保持总体稳定的基础上，分类优化调整，合理把握调整节奏、力度和时限，增强脱贫稳定性。

——坚持群众主体、激发内生动力。坚持扶志扶智相结合，防止政策养懒汉和泛福利化倾向，发挥奋进致富典型示范引领作用，激励有劳动能力的低收入人口勤劳致富。

——坚持政府推动引导、社会市场协同发力。坚持行政推动与市场机制有机结合，发挥集中力量办大事的优势，广泛动员社会力量参与，形成巩固拓展脱贫攻坚成果、全面推进乡村振兴的强大合力。

三、建立健全巩固拓展脱贫攻坚成果长效机制

（一）保持主要帮扶政策总体稳定。过渡期内严格落实"四个不摘"要求，摘帽不摘责任，防止松劲懈怠；摘帽不摘政策，防止急刹车；摘帽不摘帮扶，防止一撤了之；摘帽不摘监管，防止贫困反弹。现有帮扶政策该延续的延续、该优化的优化、该调整的调整，确保政策连续性。兜底救助类政策要继续保持稳定。落实好教育、医疗、住房、饮水等民生保障普惠性政策，并根据脱贫人口实际困难给予适度倾斜。优化产业就业等发展类政策。

（二）健全防止返贫动态监测和帮扶机制。对脱贫不稳定户、边缘易致贫户，以及因病因灾因意外事故等刚性支出较大或收入大幅缩减导致基本生活出现严重困难户，开展定期检查、动态管理，重点监测其收入支出状况、"两不愁三保障"及饮水安全状况，合理确定监测标准。建立健全易返贫致贫人口快速发现和响应机制，分层分类及时纳入帮扶政策范围，实行动态清零。健全防止返贫大数据监测平台，加强相关部门、单位数据共享和对接，充分利用先进技术手段提升监测准确性，以国家脱贫攻坚普查结果为依据，进一步完善基础数据库。建立农户主动申请、部门信息比对、基层干部定期跟踪回访相结合的易返贫致贫人口发现和核查机制，实施帮扶对象动态管理。坚持预防性措施和事后帮扶相结合，精准分析返贫致贫原因，采取有针对性的帮扶措施。

（三）巩固"两不愁三保障"成果。落实行业主管部门工作责任。健全控辍保学工作机制，确保除身体原因不具备学习条件外脱贫家庭义务教育阶段适龄儿童少年不失学辍学。有效防范因病返贫致贫风险，落实分类资助参保政策，做好脱贫人口参保动员工作。建立农村脱贫人口住房安全动态监测机制，通过农村危房改造等多种方式保障低收入人口基本住房安全。巩固维护好已建农村供水工程成果，不断提升农村供水保障水平。

（四）做好易地扶贫搬迁后续扶持工作。聚焦原深度贫困地区、大型特大型安置区，从就业需要、产业发展和后续配套设施建设提升完善等方面加大扶持力度，完善后续扶持政策体系，持续巩固易地搬迁脱贫成果，确保搬迁群众稳得住、有就业、逐步能致富。提升安置区社区管理服务水平，建立关爱机制，促进社会融入。

（五）**加强扶贫项目资产管理和监督**。分类摸清各类扶贫项目形成的资产底数。公益性资产要落实管护主体，明确管护责任，确保继续发挥作用。经营性资产要明晰产权关系，防止资产流失和被侵占，资产收益重点用于项目运行管护、巩固拓展脱贫攻坚成果、村级公益事业等。确权到农户或其他经营主体的扶贫资产，依法维护其财产权利，由其自主管理和运营。

四、聚力做好脱贫地区巩固拓展脱贫攻坚成果同乡村振兴有效衔接重点工作

（六）**支持脱贫地区乡村特色产业发展壮大**。注重产业后续长期培育，尊重市场规律和产业发展规律，提高产业市场竞争力和抗风险能力。以脱贫县为单位规划发展乡村特色产业，实施特色种养业提升行动，完善全产业链支持措施。加快脱贫地区农产品和食品仓储保鲜、冷链物流设施建设，支持农产品流通企业、电商、批发市场与区域特色产业精准对接。现代农业产业园、科技园、产业融合发展示范园继续优先支持脱贫县。支持脱贫地区培育绿色食品、有机农产品、地理标志农产品，打造区域公用品牌。继续大力实施消费帮扶。

（七）**促进脱贫人口稳定就业**。搭建用工信息平台，培育区域劳务品牌，加大脱贫人口有组织劳务输出力度。支持脱贫地区在农村人居环境、小型水利、乡村道路、农田整治、水土保持、产业园区、林业草原基础设施等涉农项目建设和管护时广泛采取以工代赈方式。延续支持扶贫车间的优惠政策。过渡期内逐步调整优化生态护林员政策。统筹用好乡村公益岗位，健全按需设岗、以岗聘任、在岗领补、有序退岗的管理机制，过渡期内逐步调整优化公益岗位政策。

（八）持续改善脱贫地区基础设施条件。继续加大对脱贫地区基础设施建设的支持力度，重点谋划建设一批高速公路、客货共线铁路、水利、电力、机场、通信网络等区域性和跨区域重大基础设施建设工程。按照实施乡村建设行动统一部署，支持脱贫地区因地制宜推进农村厕所革命、生活垃圾和污水治理、村容村貌提升。推进脱贫县"四好农村路"建设，推动交通项目更多向进村入户倾斜，因地制宜推进较大人口规模自然村（组）通硬化路，加强通村公路和村内主干道连接，加大农村产业路、旅游路建设力度。加强脱贫地区农村防洪、灌溉等中小型水利工程建设。统筹推进脱贫地区县乡村三级物流体系建设，实施"快递进村"工程。支持脱贫地区电网建设和乡村电气化提升工程实施。

（九）进一步提升脱贫地区公共服务水平。继续改善义务教育办学条件，加强乡村寄宿制学校和乡村小规模学校建设。加强脱贫地区职业院校（含技工院校）基础能力建设。继续实施家庭经济困难学生资助政策和农村义务教育学生营养改善计划。在脱贫地区普遍增加公费师范生培养供给，加强城乡教师合理流动和对口支援。过渡期内保持现有健康帮扶政策基本稳定，完善大病专项救治政策，优化高血压等主要慢病签约服务，调整完善县域内先诊疗后付费政策。继续开展三级医院对口帮扶并建立长效机制，持续提升县级医院诊疗能力。加大中央倾斜支持脱贫地区医疗卫生机构基础设施建设和设备配备力度，继续改善疾病预防控制机构条件。继续实施农村危房改造和地震高烈度设防地区农房抗震改造，逐步建立农村低收入人口住房安全保障长效机制。继续加强脱贫地区村级综合服务设施建设，提升为民服务能力和水平。

五、健全农村低收入人口常态化帮扶机制

（十）加强农村低收入人口监测。以现有社会保障体系为基础，对农村低保对象、农村特困人员、农村易返贫致贫人口，以及因病因灾因意外事故等刚性支出较大或收入大幅缩减导致基本生活出现严重困难人口等农村低收入人口开展动态监测。充分利用民政、扶贫、教育、人力资源社会保障、住房城乡建设、医疗保障等政府部门现有数据平台，加强数据比对和信息共享，完善基层主动发现机制。健全多部门联动的风险预警、研判和处置机制，实现对农村低收入人口风险点的早发现和早帮扶。完善农村低收入人口定期核查和动态调整机制。

（十一）分层分类实施社会救助。完善最低生活保障制度，科学认定农村低保对象，提高政策精准性。调整优化针对原建档立卡贫困户的低保"单人户"政策。完善低保家庭收入财产认定方法。健全低保标准制定和动态调整机制。加大低保标准制定省级统筹力度。鼓励有劳动能力的农村低保对象参与就业，在计算家庭收入时扣减必要的就业成本。完善农村特困人员救助供养制度，合理提高救助供养水平和服务质量。完善残疾儿童康复救助制度，提高救助服务质量。加强社会救助资源统筹，根据对象类型、困难程度等，及时有针对性地给予困难群众医疗、教育、住房、就业等专项救助，做到精准识别、应救尽救。对基本生活

陷入暂时困难的群众加强临时救助，做到凡困必帮、有难必救。鼓励通过政府购买服务对社会救助家庭中生活不能自理的老年人、未成年人、残疾人等提供必要的访视、照料服务。

（十二）合理确定农村医疗保障待遇水平。坚持基本标准，统筹发挥基本医疗保险、大病保险、医疗救助三重保障制度综合梯次减负功能。完善城乡居民基本医疗保险参保个人缴费资助政策，继续全额资助农村特困人员，定额资助低保对象，过渡期内逐步调整脱贫人口资助政策。在逐步提高大病保障水平基础上，大病保险继续对低保对象、特困人员和返贫致贫人口进行倾斜支付。进一步夯实医疗救助托底保障，合理设定年度救助限额，合理控制救助对象政策范围内自付费用比例。分阶段、分对象、分类别调整脱贫攻坚期超常规保障措施。重点加大医疗救助资金投入，倾斜支持乡村振兴重点帮扶县。

（十三）完善养老保障和儿童关爱服务。完善城乡居民基本养老保险费代缴政策，地方政府结合当地实际情况，按照最低缴费档次为参加城乡居民养老保险的低保对象、特困人员、返贫致贫人口、重度残疾人等缴费困难群体代缴部分或全部保费。在提高城乡居民养老保险缴费档次时，对上述困难群体和其他已脱贫人口可保留现行最低缴费档次。强化县乡两级养老机构对失能、部分失能特困老年人口的兜底保障。加大对孤儿、事实无人抚养儿童的保障力度。加强残疾人托养照护、康复服务。

（十四）织密兜牢丧失劳动能力人口基本生活保障底线。对脱贫人口中完全丧失劳动能力或部分丧失劳动能力且无法通过产业就业获得稳定收入的人口，要按规定纳入农村低保或特困人员救助供养范围，并按困难类型及时给予专项救助、临时救助等，做到应保尽保、应兜尽兜。

六、着力提升脱贫地区整体发展水平

（十五）**在西部地区脱贫县中集中支持一批乡村振兴重点帮扶县**。按照应减尽减原则，在西部地区处于边远或高海拔、自然环境相对恶劣、经济发展基础薄弱、社会事业发展相对滞后的脱贫县中，确定一批国家乡村振兴重点帮扶县，从财政、金融、土地、人才、基础设施建设、公共服务等方面给予集中支持，增强其区域发展能力。支持各地在脱贫县中自主选择一部分县作为乡村振兴重点帮扶县。支持革命老区、民族地区、边疆地区巩固脱贫攻坚成果和乡村振兴。建立跟踪监测机制，对乡村振兴重点帮扶县进行定期监测评估。

（十六）**坚持和完善东西部协作和对口支援、社会力量参与帮扶机制**。继续坚持并完善东西部协作机制，在保持现有结对关系基本稳定和加强现有经济联系的基础上，调整优化结对帮扶关系，将现行一对多、多对一的帮扶办法，调整为原则上一个东部地区省份帮扶一个西部地区省份的长期固定结对帮扶关系。省际间要做好帮扶关系的衔接，防止出现工作断档、力量弱化。中部地区不再实施省际间结对帮扶。优化协作帮扶方式，在继续给予资金支持、援建项目基础上，进一步加强产业合作、劳务协作、人才支援，推进产业梯度转移，鼓励东西部共建产业园区。教育、文化、医疗卫生、科技等行业对口支援原则上纳入新的东西部协作结对关系。更加注重发挥市场作用，强化以企业合作为载体的帮扶协作。继续坚持定点帮扶机制，适当予以调整优化，安排有能力的部门、单位和企业承担更多责任。军队持续推进定点帮扶工作，健全完善长效机制，巩固提升帮扶成效。继续实施"万企帮万村"行动。定期对东西部协作和定点帮扶成效进行考核评价。

七、加强脱贫攻坚与乡村振兴政策有效衔接

（十七）做好财政投入政策衔接。过渡期内在保持财政支持政策总体稳定的前提下，根据巩固拓展脱贫攻坚成果同乡村振兴有效衔接的需要和财力状况，合理安排财政投入规模，优化支出结构，调整支持重点。保留并调整优化原财政专项扶贫资金，聚焦支持脱贫地区巩固拓展脱贫攻坚成果和乡村振兴，适当向国家乡村振兴重点帮扶县倾斜，并逐步提高用于产业发展的比例。各地要用好城乡建设用地增减挂钩政策，统筹地方可支配财力，支持"十三五"易地扶贫搬迁融资资金偿还。对农村低收入人口的救助帮扶，通过现有资金支出渠道支持。过渡期前3年脱贫县继续实行涉农资金统筹整合试点政策，此后调整至国家乡村振兴重点帮扶县实施，其他地区探索建立涉农资金整合长效机制。确保以工代赈中央预算内投资落实到项目，及时足额发放劳务报酬。现有财政相关转移支付继续倾斜支持脱贫地区。对支持脱贫地区产业发展效果明显的贷款贴息、政府采购等政策，在调整优化基础上继续实施。过渡期内延续脱贫攻坚相关税收优惠政策。

（十八）做好金融服务政策衔接。继续发挥再贷款作用，现有再贷款帮扶政策在展期期间保持不变。进一步完善针对脱贫人口的小额信贷政策。对有较大贷款资金需求、符合贷款条件的对象，鼓励其申请创业担保贷款政策支持。加大对脱贫地区优势特色产业信贷和保险支持力度。鼓励各地因地制宜开发优势特色农产品保险。对脱贫地区继续实施企业上市"绿色通道"政策。探索农产品期货期权和农业保险联动。

（十九）做好土地支持政策衔接。坚持最严格耕地保护制

度，强化耕地保护主体责任，严格控制非农建设占用耕地，坚决守住18亿亩耕地红线。以国土空间规划为依据，按照应保尽保原则，新增建设用地计划指标优先保障巩固拓展脱贫攻坚成果和乡村振兴用地需要，过渡期内专项安排脱贫县年度新增建设用地计划指标，专项指标不得挪用；原深度贫困地区计划指标不足的，由所在省份协调解决。过渡期内，对脱贫地区继续实施城乡建设用地增减挂钩节余指标省内交易政策；在东西部协作和对口支援框架下，对现行政策进行调整完善，继续开展增减挂钩节余指标跨省域调剂。

（二十）做好人才智力支持政策衔接。延续脱贫攻坚期间各项人才智力支持政策，建立健全引导各类人才服务乡村振兴长效机制。继续实施农村义务教育阶段教师特岗计划、中小学幼儿园教师国家级培训计划、银龄讲学计划、乡村教师生活补助政策，优先满足脱贫地区对高素质教师的补充需求。继续实施高校毕业生"三支一扶"计划，继续实施重点高校定向招生专项计划。全科医生特岗和农村订单定向医学生免费培养计划优先向中西部地区倾斜。在国家乡村振兴重点帮扶县对农业科技推广人员探索"县管乡用、下沉到村"的新机制。继续支持脱贫户"两后生"接受职业教育，并按规定给予相应资助。鼓励和引导各方面人才向国家乡村振兴重点帮扶县基层流动。

八、全面加强党的集中统一领导

（二十一）做好领导体制衔接。健全中央统筹、省负总责、市县乡抓落实的工作机制，构建责任清晰、各负其责、执行有力的乡村振兴领导体制，层层压实责任。充分发挥中央和地方各级党委农村工作领导小组作用，建立统一高效的实现巩固拓展脱贫攻坚成果同乡村振兴有效衔接的决策议事协调工作机制。

（二十二）**做好工作体系衔接**。脱贫攻坚任务完成后，要及时做好巩固拓展脱贫攻坚成果同全面推进乡村振兴在工作力量、组织保障、规划实施、项目建设、要素保障方面的有机结合，做到一盘棋、一体化推进。持续加强脱贫村党组织建设，选好用好管好乡村振兴带头人。对巩固拓展脱贫攻坚成果和乡村振兴任务重的村，继续选派驻村第一书记和工作队，健全常态化驻村工作机制。

（二十三）**做好规划实施和项目建设衔接**。将实现巩固拓展脱贫攻坚成果同乡村振兴有效衔接的重大举措纳入"十四五"规划。将脱贫地区巩固拓展脱贫攻坚成果和乡村振兴重大工程项目纳入"十四五"相关规划。科学编制"十四五"时期巩固拓展脱贫攻坚成果同乡村振兴有效衔接规划。

（二十四）**做好考核机制衔接**。脱贫攻坚任务完成后，脱贫地区开展乡村振兴考核时要把巩固拓展脱贫攻坚成果纳入市县党政领导班子和领导干部推进乡村振兴战略实绩考核范围。与高质量发展综合绩效评价做好衔接，科学设置考核指标，切实减轻基层负担。强化考核结果运用，将考核结果作为干部选拔任用、评先奖优、问责追责的重要参考。

决战脱贫攻坚目标任务胜利完成，我们要更加紧密地团结在以习近平同志为核心的党中央周围，乘势而上、埋头苦干，巩固拓展脱贫攻坚成果，全面推进乡村振兴，朝着全面建设社会主义现代化国家、实现第二个百年奋斗目标迈进。